50

cose da vedere con un piccolo telescopio

John A. Read

www.facebook.com/50ThingstoSeewithaSmallTelescope

Le mappe stellari usate nel libro sono state realizzate con Stellarium, http://stellarium.org/, un programma di osservazione astronomica open source.

Foto di copertina di Sean McCauley. Preghiamo di visitare il sito web sotto per sapere come contattare Sean per le vostre necessità videofotografiche.
http://silhouetteproductions.com

Le immagini dei seguenti telescopi sono state offerte da Celestron:
Celestron First Scope (Pagina 10), Celestron Powerseeker 114Az (Pagina 10) and Celestron NexStar 6se (Pagina 11)

Le immagini dei seguenti telescopi sono state ristampate con permesso di Orion Telescopes & Binoculars, www.telescope.com:
Orion SkyQuest 8" (Pagina 10), Orion SkyQuest 8" (Pagina 11)

Le immagini del Meade Lightbridge Dobsonian sono state offerte da Meade Instruments

Le immagini degli oggetti dello spazio profondo visti al telescopio sono state costruite da vere fotografie, usate con permesso dei seguenti astrofotografi:

Mark Stanford Sr: Trifid Nebula
Stuart Forman: Double Cluster, M1, M13, M27, M51, M81 & M82, M81 (supernova aggiunta).
Mike Harms: Andromeda, Comet, M42

Le immagini NASA seguono le line guida per l'utilizzo di foto NASA che trovate qui:
http://www.nasa.gov/audience/formedia/features/MP_Photo_Guidelines.html

Traduzione di Leonardo Paoletti: http://www.paolettitranslations.com

Questo libro è dedicato a Jennifer, che mi ascolta sempre mentre parlo continuamente dello spazio.

Ringraziamenti

Vorrei esprimere la mia gratitudine verso Marni Berendsen, sviluppatore del NASA Night Sky Network, per il fantastico contributo prestato nella revisione ed il *fact checking* di questo libro.

Desidero anche ringraziare la Mount Diablo Astronomical Society (MDAS), per lo stimolo continuo ad imparare di più sull'universo. Questo libro non sarebbe stato scritto, senza il supporto di tutto il fantastico personale della MDAS.

Per trovare le associazioni astrofile più vicine a voi, visitate:

http://www.astrofilitrentini.it/links/astrofili.html

Indice

Note dell'autore:

Quando guardo nel mio telescopio, sto esplorando una nuova, fantastica frontiera.

So che vorreste saltare subito a metà libro, scegliere un oggetto, e provare a vederlo nel telescopio. Si prega di notare, che solo un terzo degli oggetti elencati in questo libro sono visibili tutte le sere. Prima di preparare il telescopio per la vostra serata di osservazioni astronomiche, si consiglia di scaricare un software per osservazioni come Stellarium (disponibile gratuitamente al sito http://www.stellarium.org). Per utilizzare il software, sarà necessario determinare la stagione in cui l'oggetto che vi interessa è visibile. Inoltre, ho stabilito un livello di difficoltà per ogni oggetto presente nel libro, espresso in Supernove. In generale, il libro è organizzato in ordine crescente di difficoltà.

Inoltre, dato che le mie osservazioni astronomiche avvengono nell'emisfero boreale, questo libro tende ad essere centrato in questo emisfero; rivolgo le mie scuse ad Australia, Brasile, e a tutti i nostri amici del Sud.

Infine, la prima di molte raccomandazioni: non provate a guardare il Sole con il telescopio senza utilizzare un filtro solare omologato! Buon divertimento!

Introduzione

Questo libro è rivolto ai possessori di piccoli telescopi. Allo scopo di questo libro, verrà considerato "piccolo telescopio" qualsiasi telescopio acquistato per poche centinaia di Euro o meno. Una delle ragioni che mi hanno portato a scrivere questo libro, è stata il desiderio di venire incontro alle difficoltà delle prime osservazioni che affliggono chi acquista per la prima volta un piccolo telescopio, o un telescopio da grandi magazzini. Infatti, all'inizio avevo pensato di intitolare questo libro *50 cose da vedere con un telescopio comprato ai grandi magazzini.*

Molti telescopi vengono usati una volta, reimpacchettati, e relegati al fondo di un armadio. Spesso, gente ignara viene persuasa nell'acquisto di questi telescopi dalle immagini di pianeti e galassie presenti sulla scatola, che vorrebbero farvi credere che il vostro nuovo telescopio sia potente come il Telescopio Spaziale Hubble.

Potreste esservi già trovati ad usare uno di questi telescopi, scoprendo, una volta montati, che il treppiede è instabile, l'ottica è scadente, e il computer (se il telescopio ne è dotato), che è programmato con 14.000 oggetti, non sa distinguere Giove dalla Luna.

I miei primi telescopi erano così. Da bambino, passavo ore a guardare oggetti casuali nello spazio, sognando un giorno di vedere qualcosa di entusiasmante. Speravo disperatamente di vedere qualcosa che mi accendesse l'anima, che mi avrebbe portato ad una lucrativa carriera di astronauta.

Prima che potessi godere di una di queste esperienze illuminanti, però, ero già diventato un adulto con una stabile carriera di commercialista, quando all'improvviso la mia anima fu bruciata dal fuoco della passione astrofila. In una farmacia del quartiere, vendevano piccoli telescopi al prezzo di $13.99. La scatola era meravigliosamente decorata con immagini di Giove e Saturno. Ho pensato: *Che diamine, lo faccio. Compro il telescopio!*

Portai il telescopio a casa e lo montai. "Questo telescopio, **non** è stato un grande affare!", pensai, dopo essermi pentito di aver speso soldi per un'immondizia del genere. Il telescopio in questione era dotato di un treppiede in plastica per videocamere, invece che di un vero e proprio treppiede per telescopi; gli oculari erano piccolissimi, la lente primaria era grande come una moneta, e il cercatore era lì solo per decorazione.

Comunque, decisi di dargli una possibilità. Portai il telescopio all'aria aperta, lo montai di fronte al mio appartamento, sotto un lampione affianco alla metropolitana. Puntai il piccolo telescopio verso una stella gialla e brillante che era appena apparsa sopra l'orizzonte.

"Caspita!", pensai, mentre l'instabile telescopio trovava un punto di equilibrio nell'aria immobile di quella sera stellata. Davanti a me, in alta definizione, con perfetta messa a fuoco e senza un minimo di distorsione vidi, per la prima volta, gli anelli di Saturno.

Per molti lettori, il primo telescopio acquistato (o che ricevuto in regalo) presenta non pochi problemi, come ad esempio l'essere costretti ad allungare scomodamente il collo per guardare nell'oculare. Bene, questo libro è per voi.

Dove ho preso l'ispirazione per questo libro? Faccio molto volontariato nel gruppo di outreach dell'organizzazione astronomica locale, tramite il Night Sky Network della NASA; andiamo di scuola in scuola per insegnare agli studenti i princìpi dell'astronomia e ad usare un telescopio. Il problema è che, anche in California, il cielo non è sempre terso. Questa è una delle conversazioni tipiche:

Bambino: "Posso vedere il Sole?"

Io: "No, il Sole è visibile soltanto di giorno."

Bambino: "Posso vedere la Luna, allora?"

Io: "No, stasera non c'è. Ma ci sono molte altre cose da vedere."

Bambino: "Ad esempio?"

Nel frattempo, cominciano ad arrivare le nuvole.

Io: "Ad esempio questo!", e punto il telescopio verso Saturno.

Bambino: "Non vedo niente."

Io: "Ah, una nuvola si è appena posizionata strategicamente davanti a Saturno."

Il bambino, a questo punto, se ne va.

Quando ciò accade, bisogna essere creativi, altrimenti si instaura il caos. Gli alunni cominciano ad annoiarsi, ed iniziano a tirare cose. Gli insegnanti distribuiscono delle torce a pila, che finiscono per acciecarti. Ti distrai per dieci secondi, e un bambino inizia a cavalcare il telescopio come un cavallo.

Spesso, è necessario pensare in maniera non convenzionale. Ero in cima al Mount Diablo per partecipare ad un evento astronomico, quando il cielo si fece nuvoloso; decisi allora di puntare il telescopio verso la luce rossa sulla struttura dell'osservatorio che si trova sulla cima. Gli alunni ne rimasero affascinati!

La luce distava circa mezzo kilometro, tuttavia si riusciva a distinguere la condensa sul vetro rosso dell'alloggiamento che ospita la lampadina. Una falena gli volava intorno.

I bambini si accorsero di come la lampadina, nel telescopio, apparisse al contrario, e dovetti spiegare che questo fenomeno è dovuto alle lenti ed agli specchi del telescopio. Osservando quella luce a distanza di mezzo kilometro, fummo in grado di valutare la potenza del telescopio; vedendo qualcosa di così familiare, di così piccolo, di così lontano.

Trascorremmo mezz'ora a guardare la lampadina. Essa venne osservata da almeno cento persone. Quella notte consentì probabilmente a molti futuri scienziati di scoprire la propria passione. Proprio come se il cielo fosse stato terso.

Non avete ancora un telescopio?

Dal momento della pubblicazione della prima versione di questo libro nel 2013, ho ricevuto molti messaggi dai miei lettori, che mi chiedono quale telescopio acquistare con un dato budget. La risposta più comune a questa domanda è: "Dipende". Detesto fornire questo tipo di risposta. La maggior parte delle persone che vogliono iniziare nel mondo dell'astronomia amatoriale hanno un solo obbiettivo: **vedere cose belle.** Essi non vogliono catturare immagini o fare scoperte scientifiche rivoluzionarie. Tenendo questo a mente, la regola che uso per consigliare un primo telescopio, è procurarsi un telescopio con l'apertura maggiore possibile (l'apertura è il diametro della lente primaria, o specchio), perché è il modo migliore per riuscire a vedere cose interessanti.

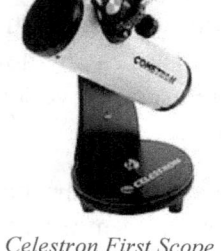

Celestron First Scope

Se il vostro budget va dai 25 € ai 50 €:

Questo telescopio da tavolo ha 76mm di apertura, più che sufficienti per vedere tutti gli oggetti presentati nel libro, e, per 50 €, non riuscirete a trovare una montatura migliore.

Tra 50 € e 150 €:

In questa fascia di prezzo, iniziate a cercare telescopi con oltre 110mm (~4.5 pollici) di apertura. Queste aperture consentono un'ottima visuale degli anelli di Saturno, e centinaia di oggetti del profondo cielo.

Celestron Powerseeker 114AZ

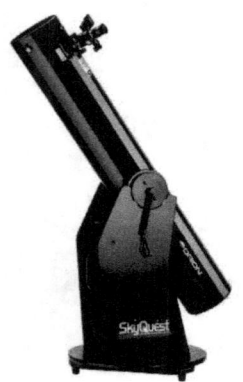

Consiglio: Considerate l'acquisto di un telescopio usato, per avere maggiore apertura allo stesso prezzo!

Tra 150 € e 300 €:

In questa fascia di prezzo, possiamo cominciare a parlare di ottimi telescopi. Procuratevi un'apertura nella fascia dei 6 pollici, non ve ne pentirete! Dobsonian è un'ottima marca su cui orientarsi.

SkyQuest 6"

Tra 300 € e 500 €:

Adesso, cominciamo a fare sul serio! In questa fascia di prezzo, è possibile trovare telescopi tra gli otto e i dieci pollici di apertura. Personalmente, preferisco i Dobsonian per la loro facilità di utilizzo, e la visuale spettacolare che offrono di galassie, nebulose e ammassi globulari.

Orion SkyQuest da 8"

Tra 500 € e 1000 €

In questa fascia di prezzo, potreste cominciare a considerare l'acquisto di un telescopio computerizzato, anche a costo di un'apertura inferiore. Personalmente non lo farei, ma è un'opzione. Un Dobsonian da dodici pollici è un ottimo telescopio. Sotto un cielo non illuminato, esso permette di vedere comete e galassie con poca

luminosità. Alcuni utilizzano questi telescopi addirittura per cercare supernove non ancora scoperte!

Meade Lightbridge Dobsonian

Sotto i 1000 €, i telescopi go-to, o computerizzati, tendono a non offrire oltre i sei millimetri di apertura. In ogni modo, molti telescopi go-to offrono caratteristiche interessanti, come il tour dei cieli e il tracking dei satelliti.

Celestron NexStar 6se

Difficoltà

Segue una legenda dei livelli difficoltà di ogni oggetto elencato nel libro.

1 supernova: davvero non l'avevate mai visto?

2 supernove: probabilmente uno degli oggetti più luminosi nel cielo.

3 supernove: se riuscite a vedere questo, siete diventati ufficialmente degli astrofili!

4 supernove: gli astronomi professionisti invidiano quello che siete riusciti a fare*

5 supernove: probabilmente avete appena scoperto una supernova, e siete balzati all'attenzione dei media!

*A volte potrebbero volerci ore di pazienza per trovare finalmente l'oggetto che cercate, e magari non è nemmeno spettacolare come pensavate. Ma questo non è il punto. Il punto è apprezzare gli oggetti che riuscite a vedere! Spero che questo libro vi aiuti ad apprezzare il vero splendore di tutti gli oggetti celesti.

Note sul colore

Sapevate che, in condizioni di scarsa illuminazione, l'occhio umano può vedere solo in bianco e nero?

Solo utilizzando una fotocamera digitale è possibile vedere nebulose e galassie a colori. Molti degli oggetti fotografati con telescopi professionali, non emanano nemmeno lunghezze d'onda percepibili dall'occhio umano! In questo caso, gli astronomi professionisti assegnano un colore che l'occhio umano *è in grado* di vedere, in modo da permettere la visione di quella particolare lunghezza delle onde di luce. Questa tecnica viene chiamata *falso colore*.

Questo libro illustra ciò che **voi** potete VEDERE tramite il vostro telescopio, e non quello che è possibile catturare con una fotocamera. Gli astronomi che si occupano di astronomia visuale, parlano spesso di "bellissime macchie," perché, senza fotocamera, questo è l'aspetto che assumono la maggior parte degli oggetti del profondo cielo.

Questa è la ragione per cui questo libro è diverso dalla maggior parte dei libri di astronomia per principianti. Ho deciso di stampare questo libro in bianco e nero, permettendo a voi, gli astronomi in erba, di risparmiare quasi 10 € , che potete così investire sul vostro nuovo telescopio!

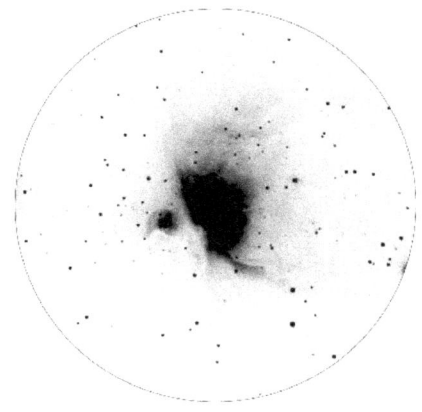

una bellissima macchia!

13

Cose di cui avete bisogno per iniziare

1. Quel telescopio che avete ricevuto per Natale (o l'Hannukkah, o il vostro compleanno).

2. Conoscenze base su come mettere a fuoco e puntare gli oggetti luminosi nel cielo. Vedere il manuale del telescopio per ulteriori dettagli.

3. Un'applicazione di osservazione astronomica come "Stellarium" per Mac e PC, disponibile su http://www.stellarium.org o sull'App Store. Avrete bisogno di questa applicazione per determinare la posizione di molti degli oggetti a cui si fa riferimento in questo libro. La maggior parte dei pianeti non segue alcun calendario annuale, bisognerà dunque usare il software per determinare la posizione di questi corpi celesti.

4. Per guardare il Sole, avrete bisogno di un filtro omologato. Quando osservate il sole, usate SEMPRE un filtro solare commerciale sulle **lenti dell'obbiettivo** o dello **specchio primario.** Questi filtri possono essere acquistati da rivenditori di telescopi online come:

http://www.cieloserено.it

Non utilizzate mai un filtro solare che copra solo l'oculare. La luce solare passerà tramite il filtro, causando CIECITÀ ISTANTANEA.

1. La Stella Polare (Polaris)

Molti posseggono delle nozioni incorrette, circa il metodo corretto per individuare la Stella Polare. Alcuni credono che essa corrisponda alla stella più luminosa nel cielo. Mi è capitato di discutere con persone che indicavano la Stella Polare puntando Sirio (che si trova generalmente a Sud), soltanto perché era la stella più luminosa visibile ad occhio nudo in quel determinato momento. In realtà, la Stella Polare è la 48sima stella per luminosità nel cielo notturno! Per trovare la Stella Polare, seguite le due stelle superiori che formano la U del Grande Carro, fino alla stella più luminosa, come mostrato nella mappa sotto. La Stella Polare è in realtà quella che viene comunemente chiamata *stella binaria visibile*. Con il telescopio, potreste infatti riuscire a distinguere la seconda stella, chiamata Polaris B!

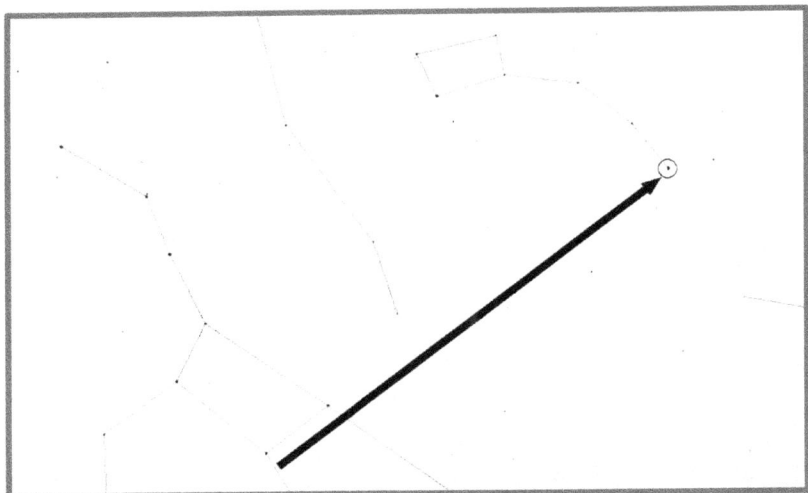

La Stella Polare è fondamentale per coloro che abitano nell'emisfero settentrionale e posseggono un telescopio con montatura equatoriale. Perché la montatura funzioni correttamente, infatti, una delle assi deve essere puntata direttamente su questo corpo celeste.

Rivolgo le mie scuse agli australiani, ai brasiliani, e agli altri abitanti dell'emisfero australe, per aver elencato corpi celesti non visibili dalla vostra terra.

Difficoltà: 1 supernova

2. Venere

Ah, Venere! Questo bellissimo pianeta prende il nome dalla dea romana dell'Amore e della Bellezza. Essendo Venere più vicina al Sole che alla Terra, il pianeta non sale mai alto nel cielo notturno, e dato che si trova sempre vicino al sole, è possibile vederlo soltanto appena dopo il tramonto o poco prima dell'alba.

Venere è luminoso, molto luminoso. Infatti, Venere è una delle fonti primarie di avvistamenti UFO tra i piloti. Ciò è dovuto ad un'illusione ottica. Gli oggetti visti a grande distanza sembrano non muoversi, quindi se l'osservatore (colui che osserva l'oggetto) è in movimento, egli avrà l'illusione di essere seguito dall'oggetto; in questo caso Venere.

Come menzionato poc'anzi, Venere può essere osservato appena dopo il tramonto, o poco prima dell'alba. Per trovare Venere, consultate l'applicazione Star Walk o il programma Stellarium per individuarne la posizione specifica.

Guardando nel telescopio, ci si accorge di come Venere assomigli alla Luna. Ciò è dovuto al fatto che anche Venere è soggetto a fasi come la nostra luna, e visto che Venere è più vicino al Sole che alla Terra, a volte ci troviamo ad osservare il lato notturno di Venere. Dunque, quando qualcuno guarda nel vostro telescopio ed esclama: "Hey, vedo la Luna!", chiedetegli di fare un passo indietro ed osservare ad occhio nudo il punto del cielo verso cui è puntato il telescopio.

Difficoltà: 2 supernove.

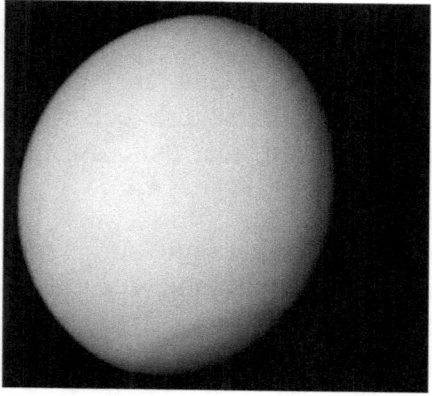

Venere fotografato dalla sonda spaziale Mariner 10

Venere visto al telescopio

3. Arturo e Spica!

Come recita un adagio anglosassone, "Arc to Arcturus, then Spike to Spica!", ovvero: "Un arco per Arturo, poi una freccia verso Spica"; un ottimo modo, a primavera, per navigare in questa porzione di cielo. Immaginate un arco che parta dalla "maniglia" del Grande Carro, e seguendolo nel cielo fino ad arrivare alla luminosa Arturo, raddrizzate poi per la stella blu, Spica.

Arturo è una stella gigante arancione, ed è la quarta stella per luminosità nel cielo, mentre Spica è una gigante blu, ed è la 15sima stella in ordine di luminosità. Spica risiede nella costellazione della Vergine, mentre Arturo si trova nella costellazione del Boote.

Arturo è una stella molto interessante, poiché, nel corso della nostra vita, effettua uno spostamento relativo alle altre stelle (circa un settimo del diametro della Luna in 100 anni). Infatti, essa viaggia ad oltre 180km/s al secondo; così veloce che, entro circa un milione di anni, sparirà completamente dalla nostra vista!

Spica è sia una stella rotante che una stella variabile (ovvero aumenta e diminuisce in luminosità). All'equatore, essa ruota a circa 240kmh, cambiando leggermente grado di luminosità ad ogni rotazione.

Difficoltà: 1 supernova

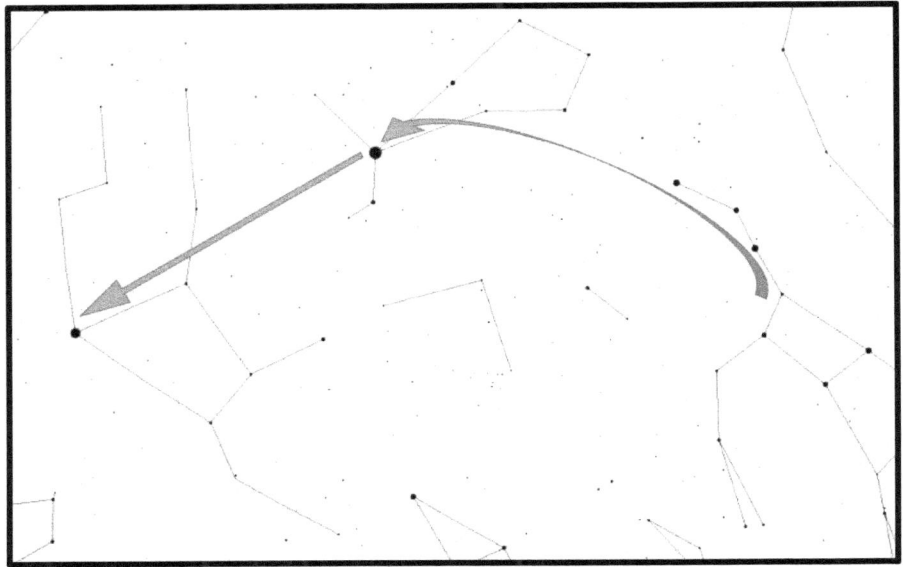

4. Betelgeuse

Sì, Betelgeuse, vicino al luogo in cui sarebbe stata scritta la *Guida galattica per gli autostoppisti*! I bambini adorano questa stella, soprattutto perché il nome ricorda Beetlejuice (un film, il cui nome è ispirato al nome della stella).

Questa grande stella rossa è una sorpresa per coloro che pensano che tutte le stelle appaiano bianche (incluso me stesso, quando, fino a pochi anni fa, non ero ancora così appassionato di astronomia). Anche Betelgeuse varia in luminosità nel corso del tempo. Essa è, di solito, l'ottava stella nel cielo per luminosità, ma può arrivare anche al sesto posto, e scendere fino al ventesimo!

Betelgeuse è facile da trovare. Essa è la grande stella nell'angolo in alto a sinistra della costellazione di Orione. Guardandola al telescopio, è facile rendersi conto del suo colore rubino. Per sperimentare il contrasto tra colori stellari, puntate il telescopio in basso verso Rigel, una stella blu di cui parleremo nella prossima sezione.

Gli oggetti nella costellazione di Orione sono meglio visibili nei mesi autunnali e invernali. La maggior parte degli astrofili individua Orione cercando le tre stelle luminose in fila che costituiscono la cintura di Orione.

Difficoltà: 1 supernova

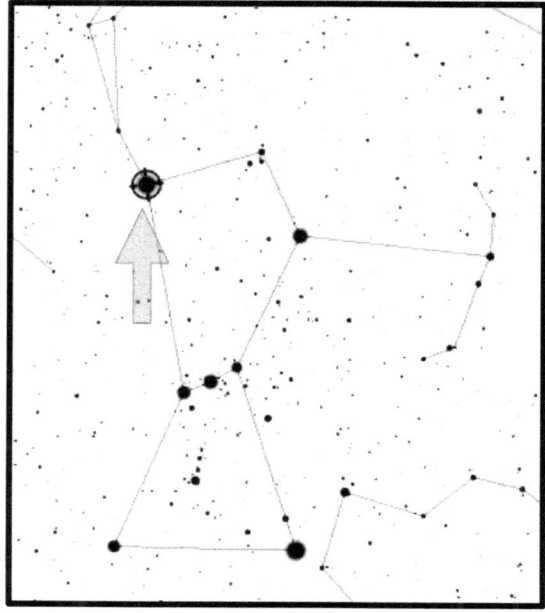

5. Rigel

Non una, non due, ma ben tre stelle costituiscono questo punto di luce che si trova ai piedi di Orione. Durante una notte scarsamente illuminata, è possibile separare la stella A (la supergigante blu) e la stella B (una stella compagna, dalla luminosità molto inferiore). In ogni modo, la stella C orbita a distanza molto ravvicinata dalla stella B, rendendo le due stelle impossibili da distinguere con un piccolo telescopio.

Se ci sono tre stelle, devono esserci un sacco di pianeti, giusto? Gli scrittori di Star Trek la pensano sicuramente così. Pianeti denominati Rigel X, Rigel II o Rigel VII, rendono Rigel uno dei posti più popolari nell'Universo di Star Trek!

Però, in data Maggio 2013, non è stato scoperto ancora alcun pianeta che orbita intorno Rigel. In ogni modo, migliaia di nuovi pianeti vengono scoperti ogni anno. È possibile consultare un database aggiornato di queste scoperte a questo indirizzo: http://exoplanets.org/

Durante la vostra osservazione, potrete apprezzare il contrasto di luminosità e colori tra Rigel e Betelgeuse.

Difficoltà: 1 supernova.

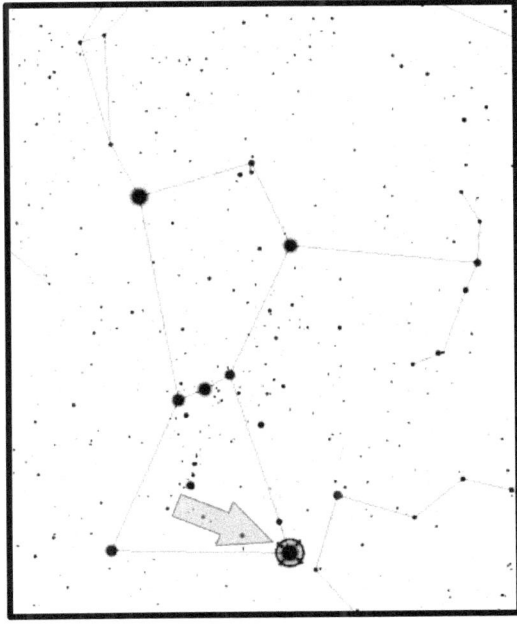

6. La nebulosa di Orione.

La nebulosa di Orione è spesso soprannominata "la fabbrica di stelle". Osservando questa nebulosa, è possibile notare una grande espansione di gas che circonda una serie di stelle. Essa è chiamata "la fabbrica di stelle" perché le stelle si formano da questo gas.

La nebulosa di Orione fa parte del complesso nebuloso molecolare di Orione, che contiene anche la nebulosa Testa di Cavallo. Anche se la Testa di Cavallo non appare affatto luminosa nei nostri telescopi, essa è il punto in cui si trova "Il pianeta degli Ood" della serie classico della BBC *Doctor Who*.

La Nebulosa di Orione è uno degli oggetti del profondo cielo (oggetti che non si trovano nel nostro Sistema Solare) avvistabili nel tardo autunno, in inverno, e a inizio di primavera. Per trovare questa nebulosa, cercate prima di tutto la cintura di Orione, e tracciate l'immagine di una spada nella linea di stelle che scendono giù dalla cintura. Nel mezzo della spada, vi è la Nebulosa di Orione.

Difficoltà: 2 supernove. Trovare la Nebulosa di Orione è come andare in bicicletta, una volta imparato non si dimentica più.

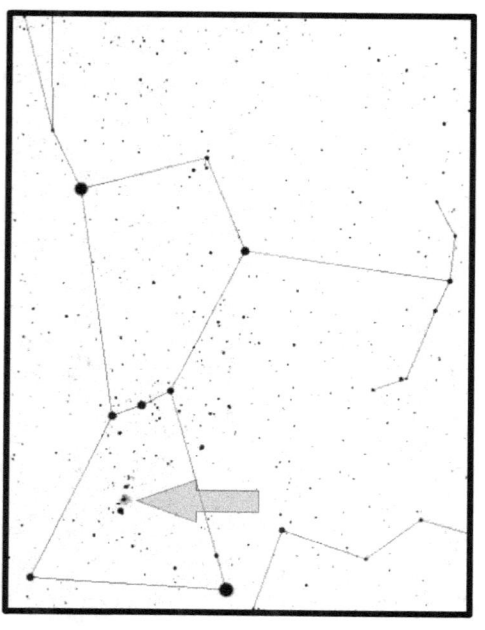
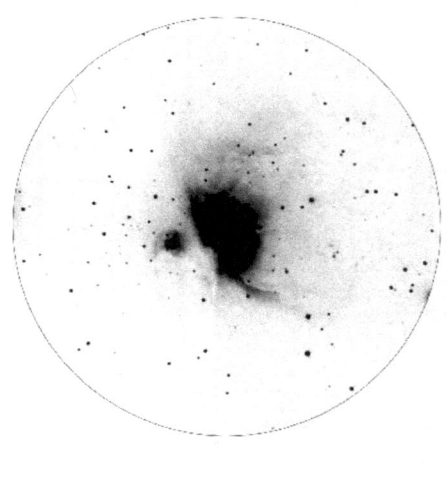

7. Sirio

Sirio è la prima fermata del tour di Harry Potter (nei libri di Harry Potter, sono menzionate moltissime stelle e costellazioni!). Questa stella ha una luminosità doppia rispetto a qualsiasi altra stella nel cielo, e, in effetti, è in grado di alterare la vostra capacità di visione notturna per circa trenta minuti! Sirio è così incredibilmente luminosa, che ad alta quota può essere vista durante il giorno!

Questa stella è soprannominata "Dog Star", a causa della sua predominanza nella costellazione Canis Major. Essa è inoltre la stella che ha ispirato il termine Italiano *canicola*, che si riferisce alle ore più calde e afose delle giornate estive.

Sirio si trova nella parte sinistra della costellazione di Orione, e può essere avvistata prevalentemente nei cieli del Sud durante l'inverno e l'inizio della primavera.

Difficoltà: 1 supernova.

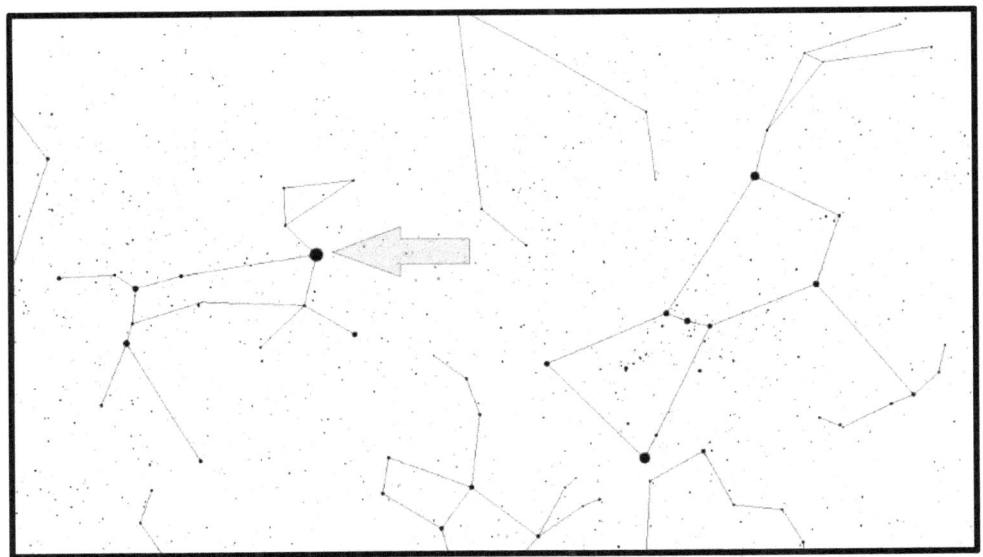

8. La Luna

Questa è impossibile da non vedere! Anche con il telescopio più piccolo, dovreste essere in grado di vedere chiaramente i crateri sulla superfice.

Una volta, usai proprio quel piccolo telescopio acquistato in farmacia al prezzo di $13,99 nel tentativo di filmare la missione "Lcross" della NASA. In questa missione, la NASA fece schiantare una sonda sulla Luna nel tentativo di creare un pennacchio di polvere lunare che potesse essere analizzato in cerca di tracce di acqua. Lo schianto avrebbe dovuto creare un bagliore di luce visibile dalla Terra, ma io non vidi niente. Si disse che il motivo per cui lo schianto non fu visibile, fu che lo schianto (che ebbe luogo in un cratere del Sud) avvenne su suolo lunare che aveva la consistenza della neve!

La luna è visibile nel cielo notturno per circa metà mese; questa cosa è abbastanza logica, dato che, come molti sanno, la Luna compie un giro completo intorno alla terra ogni 27 giorni. Rimango spesso sorpreso quando, in una notte senza Luna, alcuni mi dicono che si può vedere la Luna usando il telescopio. Per chiarire definitivamente: se non riuscite a vedere la Luna ad occhio nudo, non sarà possibile vederla neanche con il telescopio.

Difficoltà: 1 supernova.

la Luna vista con un piccolo telescopio

9: I Gemelli – Castore e Polluce; Meteore

La costellazione dei Gemelli può essere vista in condizioni ottimali nel cielo occidentale, dopo il tramonto, in inverno e primavera; basta immaginare due gemelli che si tengono per mano! Le stelle Castore e Polluce rappresentano la testa di questi gemelli.

La stella Castore, la testa del gemello a destra, è una doppia stella. Castore è in realtà un sistema stellare sestuplo, sei stelle legate tra loro dalla gravità. Tuttavia, queste sei stelle possono essere separate visivamente soltanto con l'aiuto di un telescopio estremamente potente, o tramite la scienza della spettroscopia (la separazione della luce in diverse lunghezze d'onda).

La stella Polluce, la testa del gemello a sinistra, era una "stella di sequenza principale", come il nostro Sole. Tuttavia, essa ha consumato tutto il suo idrogeno e si è espansa, diventando una "stella gigante", con un raggio superiore a molte volte quello del nostro Sole. Questo è il motivo per cui la stella ha un colore tendente all'arancione. Polluce è inoltre la stella visibile più luminosa con un pianeta orbitante (anche se questo fatto potrebbe cambiare, visto che vengono scoperti in continuazione nuovi pianeti).

A metà Dicembre, le Geminidi, uno sciame meteorico, costituiscono uno degli sciami meteorici più abbondanti dell'anno.

Difficoltà: 2 supernove

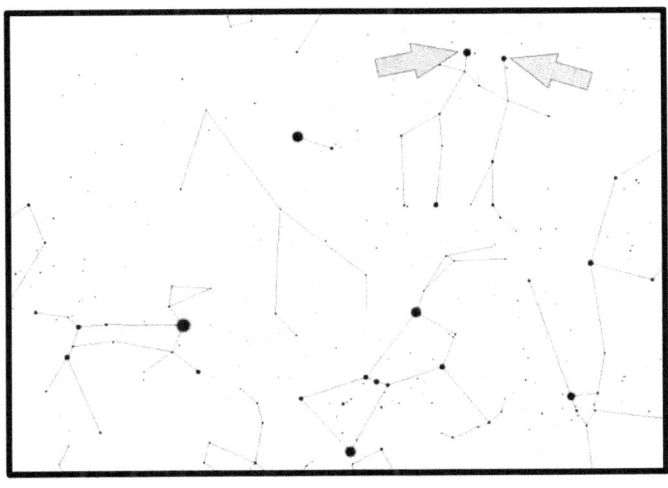

10. Marte

Certo, nel telescopio non sembra altro che un semplice disco rosso, ma, hey! È marte! Continuate a osservare e a mettere a fuoco, e alla fine riuscirete a vedere le calotte polari ed alcune variazioni di colore nel suolo marziano.

È interessante sapere che ci sono uomini e donne, qui sulla terra (al Jet Propulsion Laboratory della Nasa, nella contea di Los Angeles), che al momento stanno pilotando a distanza dei rover grandi come piccoli SUV e carte da Golf sul suolo di Marte.

Dato che Marte è un pianeta, esso si trova sull'ellittica*. Come tutti i pianeti, usate un software astronomico, come Star Walk o Stellarium, per trovarne la posizione precisa. Se sapete già che Marte sarà visibile in un dato giorno, scandagliate l'ellittica alla ricerca di una stella di colore rosso acceso.

*Cos'è l'ellittica? Dato che tutti i pianeti viaggiano intorno al Sole seguendo un piano orbitale approssimativamente uguale, essi compaiono sempre in una sezione di cielo ben precisa; più o meno come un aereo che vola sempre sulla stessa rotta. Questa rotta viene chiamata "ellittica", e va approssimativamente dall'orizzonte orientale a quello occidentale, lo stesso percorso che segue il Sole durante il giorno. Difficoltà: 2 supernove.

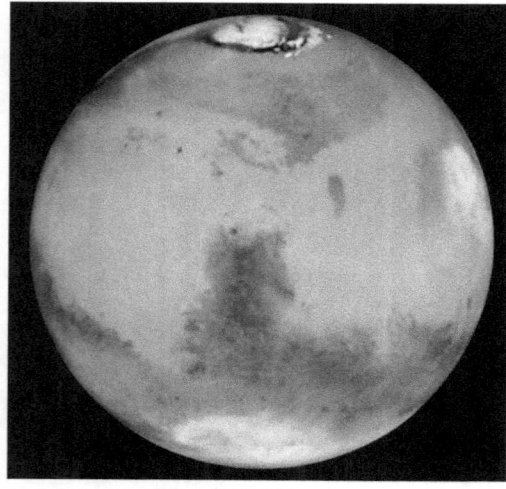

Marte fotografato dall'Hubble

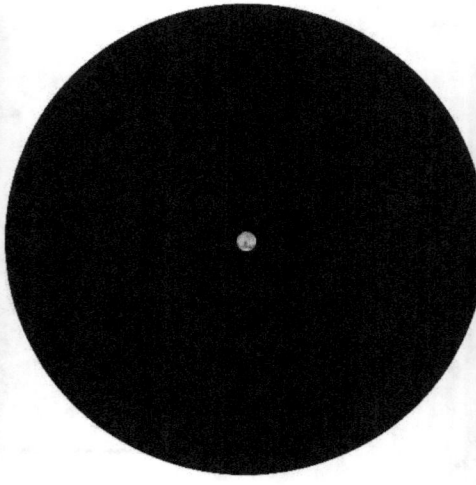

Marte visto al telescopio

11. Giove

Se volete stupirvi, date un'occhiata a Giove e ai suoi quattro satelliti più grandi: Europa, Io, Ganimede, e Callisto! Per metà dell'anno, Giove è una delle prime cose a comparire nel cielo dopo il tramonto, il che lo rende un ottimo obbiettivo su cui puntare il vostro telescopio per allineare il cercatore appena si fa sera.

Giove è un pianeta enorme, grande due volte e mezzo tutti gli altri pianeti nel sistema solare messi insieme. Con un piccolo telescopio, e una buona messa a fuoco, dovreste essere in grado di vedere le quattro lune scoperte da Galileo nell'anno 1610. Dovreste riuscire anche a vedere le due principale cinture di nuvole del pianeta.

Per trovare Giove, cercate uno degli oggetti più luminosi nell'ellittica (il percorso che seguono i pianeti nel cielo da Est a Ovest), o controllate semplicemente Star Walk, Stellarium, o qualsiasi altro software di osservazione astronomica. Per un'osservazione ottimale, utilizzate un oculare di media potenza.

Come potete vedere dalle fotografie scattate dai bambini di cui sotto, Giove è un altro ottimo soggetto per praticare l'astrofotografia!

Difficoltà: 2 supernove

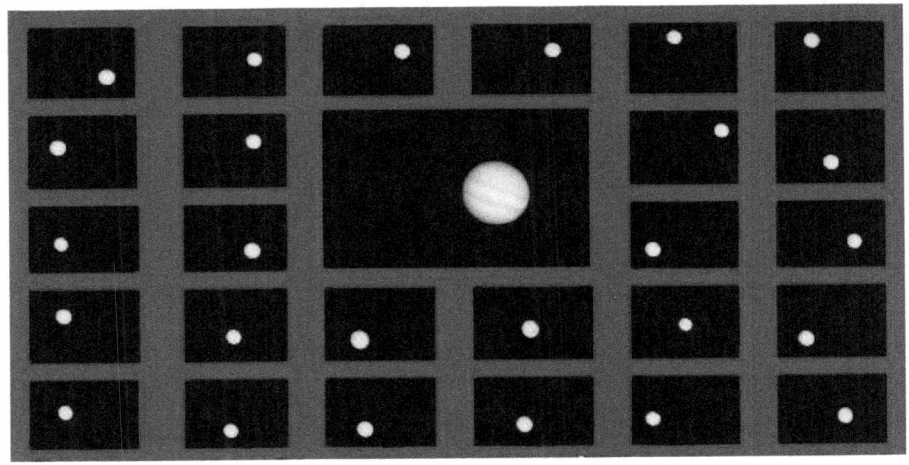

Il pianeta Giove fotografato da bambini di 3-12 anni

12. Europa

Ho deciso di dedicare una sezione unica ad ognuno dei satelliti di Giove, poiché ognuno presenta degli aspetti molto interessanti.

Europa è la più piccola delle quattro lune scoperte da Galileo, ma credo che sia allo stesso tempo la più interessante. Questo perché su Europa c'è acqua, molta acqua. Le ultime stime affermano che sotto la superficie ghiacciata, esiste un oceano liquido profondo oltre 120km. Secondo queste stime, infatti, su Europa è presente il doppio di acqua liquida rispetto alla Terra!

I satelliti di Giove cambiano posizione ogni notte. Per la maggior parte, è difficile distinguerli usando un piccolo telescopio. Il modo migliore per distinguere Europa dalle altre lune è usare un software di astronomia. Sfortunatamente, Star Walk non mostra la posizione delle lune di Giove. Per scoprire la posizione dei satelliti, dovrete usare un'altra applicazione, come *Star-Rover* o Stellarium.

Difficoltà: 3 supernove.

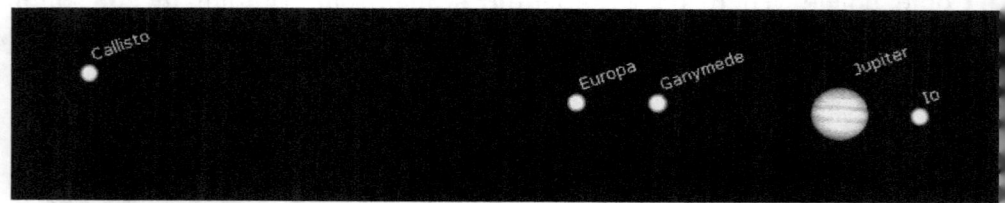

Giove e i suoi satelliti - (la posizione dei satelliti cambia ogni notte)

Europa fotografato dalla sonda spaziale Galileo

13. Io

Avete mai letto il libro *Ilium* di Dan Simmons? Avreste dovuto, perché il personaggio principale (un robot minatore) proviene da questo satellite.

Tra i satelliti di Giove scoperti da Galileo, Io è quello che orbita più vicino a Giove. Io è anche il corpo celeste con maggiore attività geologica nel nostro sistema solare, con oltre 400 vulcani attivi!

Difficoltà: 3 supernove

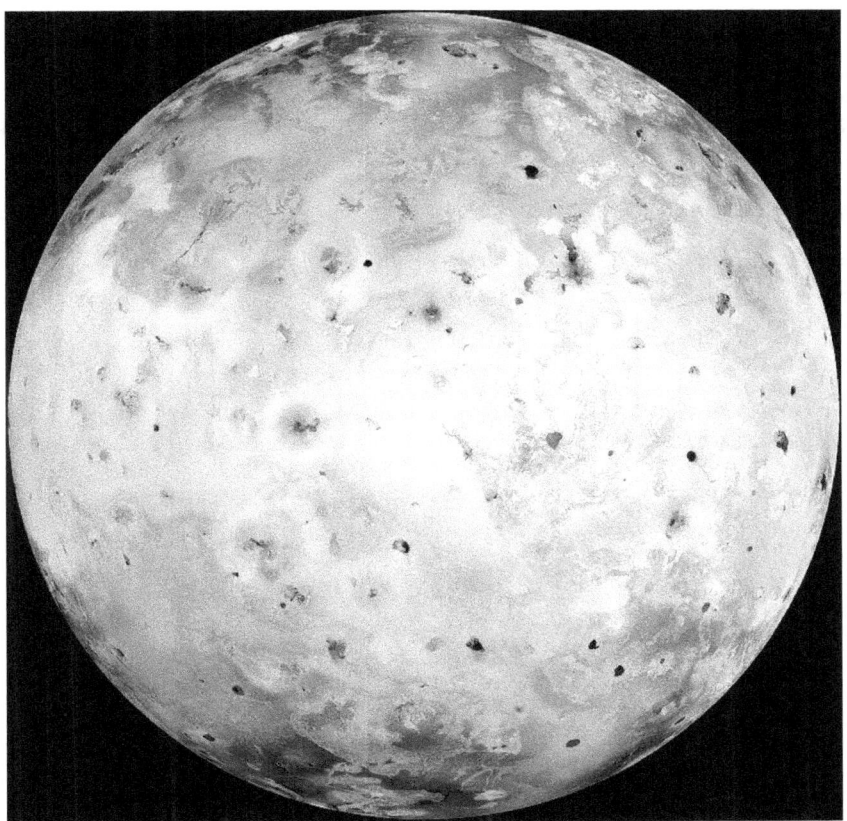

Io fotografato dalla sonda spaziale Galileo

14. Callisto

Fate i bagagli, perché Callisto potrebbe diventare la vostra nuova casa! Su questa luna sono stati rilevati i livelli di radiazione più bassi tra le grandi lune di Giove, e, a quanto pare, sarebbe un pianeta promettente per l'insediamento umano; sempre che siate disposti a sopportare giornate di 400 ore. Se visitate Callisto, non provate a rimanere alzati tutta la notte!

Osservando Giove, Callisto è in genere il satellite che appare più distante dal pianeta. Esso orbita così distante che è facile confonderlo con una stella sullo sfondo.

Difficoltà: 3 supernove.

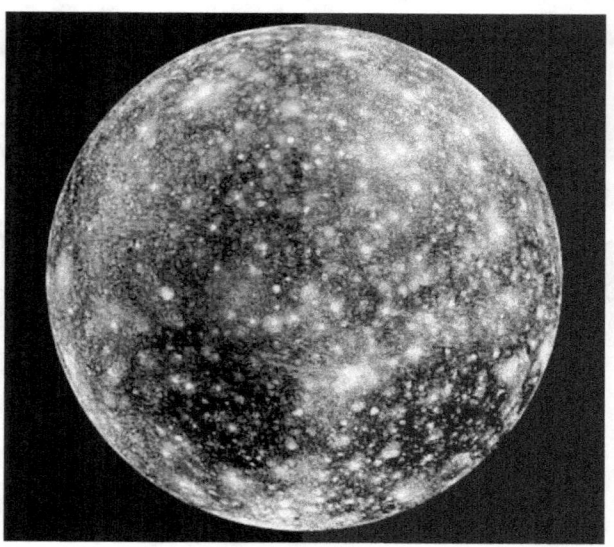

Callisto fotografato dalla sonda spaziale Galileo

15. Ganimede

Reso famoso dalla serie televisiva del 1993 "Power Rangers", questo satellite ospitava la flotta Zord dei Mega Veicoli. Magari vi capitasse come domanda all'Eredità, eh?

Ma soprattutto, Ganimede è il satellite più grande del nostro sistema solare. Esso ha una massa corrispondente al doppio di quella della Luna!

Per trovare Ganimede, cercate la Luna di Giove più grande e luminosa. Ma per essere sicuri, controllate il vostro software di astronomia.

Difficoltà: 3 supernove.

Ganimede fotografato dalla sonda spaziale Galileo

16. Saturno

Uno sguardo a Saturno, e scambierete la vostra auto con un telescopio di uguale valore. Ma anche no. In ogni caso, è un pianeta molto affascinante.

Infatti, Saturno è talmente meraviglioso, che gli Inglesi hanno chiamato il giorno più bello della settimana in suo onore. Esatto, Saturday, o, da adesso in poi, Saturn-is-Awesome-Day.

Come per tutti gli altri pianeti, controllate prima di tutto Stellarium o un'altra app per assicurarvi che sia possibile vederlo nel cielo notturno. Esso comparirà nell'ellittica, ed appare di colore giallo.

Difficoltà: 2 supernove (3 supernove se riuscite a scattare una foto degli anelli con la fotocamera del cellulare).

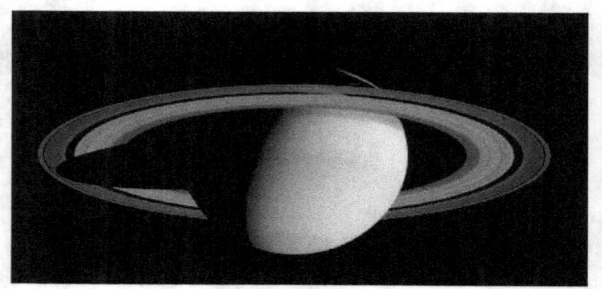

Saturno fotografato dalla sonda spaziale Cassini

Saturno visto al telescopio

30

17. Titano

Titano è il satellite più grande di Saturno. Quale posto migliore per uscire dal warp ed evitare di farsi riconoscere da un vascello minatore romulano nel fantastico film *Star Trek 11*?

Il fatto più interessante su Titano, è che ha una gravità talmente bassa, ed un'atmosfera talmente densa, che incollandovi delle ali sulle braccia potreste volare come un uccello!

Il 14 Gennaio 2005, la NASA ha fatto atterrare una piccola sonda sulla superficie di Titano, chiamata *Huygens,* che ha penetrato la densa atmosfera del pianeta paracadutandosi sulla superfice. La sonda ha catturato immagini durante tutta la discesa, e anche una foto scattata dalla superfice (mostrata a destra).

Al momento della scrittura di questo libro (2013), Saturno è un pianeta visibile in primavera estate. Se state leggendo questo libro in un futuro distante, preghiamo di consultare il vostro software di osservazione astronomica per trovarne la posizione precisa.

Per individuare Titano, cercate prima Saturno. Una volta trovato Saturno, Titano sarà il satellite orbitante più distante.

Difficoltà: 3 supernove

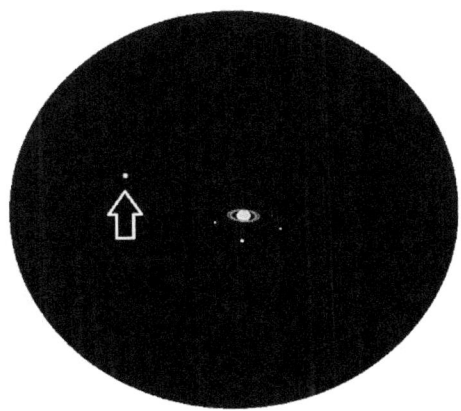

Saturno e Titano visti al telescopio

18. Eclissi lunare

Spesso chiamata anche la Luna di Sangue, le eclissi lunari non sono rare come si potrebbe pensare. A differenza delle eclissi solari, che sono visibili solo in determinati posti, le eclissi lunari possono essere osservate di note quasi da qualunque parte del mondo, fermo restando che non vi siano nuvole ad oscurare la visuale.

Un'eclissi lunare si verifica quando la luna passa nell'ombra della Terra. La luce solare che passa attraverso l'atmosfera della Terra, è il fenomeno che dona alla Luna la sfumatura rossastra tipica delle eclissi lunari.

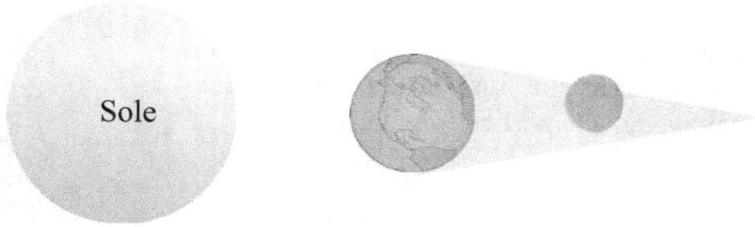

Esistono tre tipi base di Eclisse Lunari. La prima, e la più entusiasmante, è l'Eclissi Lunare Totale, In cui la Luna viene coperta completamente dall'ombra della terra. In secondo luogo, vi sono le eclissi lunari parziali. Durante un'eclisse parziale, la Luna si trova solo parzialmente coperta. In fine, vi sono le eclissi lunari penombrali, che non presentano ombre distinti visibili. In ogni modo, le eclissi penombrali sono spesso difficili da distinguere da una normale luna piena.

Nella prossima pagina trovate un calendario delle eclissi lunari totali e parziali fino all'anno 2030

Difficoltà: 2 supernove

Eclissi lunare, foto dell'autore

18.5. Calendario delle eclissi lunari

Data	Tipo di eclissi	Ora migliore osservazione (UT ~ UTC)	Durata eclissi	Area geografica in cui l'eclissi è visibile
7 agosto 2017	Parziale	18:21:38	01h55m	Europa, Africa, Asia, Australia.
31 gennaio 2018	Totale	13:31:00	03h23m	Asia, Australia., Pacifico, America del nord
27 luglio 2018	Totale	20:22:54	03h55m	Sud America, Europa, Africa, Asia, Australia.
21 gennaio 2019	Totale	5:13:27	03h17m	Centrale del Pacifico, Americhe, Europa, Africa
16 luglio 2019	Parziale	21:31:55	02h58m	Sud America, Europa, Africa, Asia, Australia.
26 maggio 2021	Totale	11:19:53	03h07m	Est asiatico, Australia, Pacifico, Americhe
19 novembre 2021	Parziale	9:04:06	03h28m	Americhe, Europa settentrionale, Asia orientale, Australia, Pacifico
16 maggio 2022	Totale	4:12:42	03h27m	Americhe, Europa, Africa
8 novembre 2022	Totale	11:00:22	03h40m	Asia, Australia, Pacifico, Americhe
28 ottobre 2023	Parziale	20:15:18	01h17m	America orientale, Europa, Africa, Asia, Australia
18 settembre 2024	Parziale	2:45:25	01h03m	Americhe, Europa, Africa
14 marzo 2025	Totale	6:59:56	03h38m	Pacifico, Americhe, Europa occidentale, Africa occidentale
7 settembre 2025	Totale	18:12:58	03h29m	Europa, Africa, Asia, Australia
3 marzo 2026	Totale	11:34:52	03h27m	Est asiatico, Australia, Pacifico, Americhe
28 agosto 2026	Parziale	4:14:04	03h18m	Est Pacifico, Americhe, Europa, Africa
12 gennaio 2028	Parziale	4:14:13	00h56m	Americhe, Europa, Africa
6 luglio 2028	Parziale	18:20:57	02h21m	Europa, Africa, Asia, Australia
31 dicembre 2028	Totale	16:53:15	03h29m	Europa, Africa, Asia, Australia, Pacifico
26 gennaio 2029	Totale	3:23:22	03h40m	Americhe, Europa, Africa, Medio Oriente
20 dicembre 2029	Totale	22:43:12	03h33m	Americhe, Europa, Africa, Asia
15 giugno 2030	Parziale	18:34:34	02h24m	Europa, Africa, Asia, Australia

Previsioni eclissi di Fred Espenak, GSFC della NASA

19. Macchie solari

Le macchie solari sono delle perturbazioni, o tempeste, di attività magnetica vicino alla superficie del Sole che causano un abbassamento della temperatura in una determinata area.

Cosa c'è di interessante nelle macchie solari? Prima di tutto, ognuna di esse ha dimensioni simili a quelle della Terra! Inoltre, esse si formano a coppie (ognuna per il polo magnetico di disturbo). Terzo, cambiano posizione ogni giorno. Quarto, una volta ho fotografato delle macchie solari che sembravano le isole Hawaii.

Per vedere le macchie solari, usate un filtro solare commerciale omologato sul vostro telescopio o binocolo, e poi mettete a fuoco il sole. Quando il sole è messo a fuoco, dovreste essere quasi sempre in grado di vedere una o due macchie solari.

Difficoltà: 2 supernove

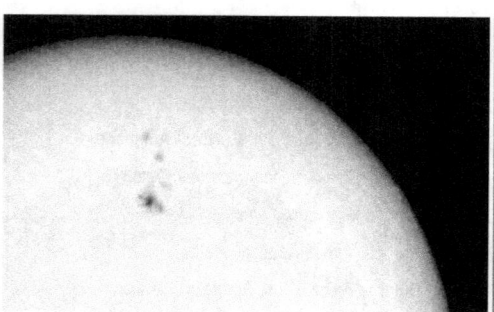

macchie solari che ricordano le isole Hawaii; e il mio apparato di fotografia solare, con binocoli dotati di filtro solare ed iPhone.

20. Eclissi solari

Un'eclissi solare avviene quando la Luna passa davanti al Sole. A causa dell'orbita ellittica della Luna, a volte l'eclissi si verifica quando la Luna è più vicina alla Terra, e a volte quando la Luna è nel punto della sua orbita più distante dalla Terra. Per questa ragione, esistono sempre due tipi di eclissi. Prima di tutto, vi sono le eclissi anulari, in cui la Luna si trova lontano dalla Terra non riesce a coprire completamente il sole. Quando la Luna orbita vicino alla Terra e si verifica un'eclisse, la Luna copre totalmente il Sole, e si può dunque osservare un'eclissi solare totale.

Ammetto di non aver mai osservato un'eclissi solare totale, ma ho sentito dire che è un'esperienza magnifica; l'aria si raffredda, gli animali cominciano a fare cose strane, e diventa molto più scuro. Per prepararsi ad osservare correttamente e senza rischi un'eclissi solare, propongo a questo interessante articolo: http://archive.oapd.inaf.it/othersites/eclipse/diretta.htm

In vita mia, ho visto solo un'eclissi anulare, di cui ho catturato la foto sotto (usando il mio iPhone, un binocolo, e un filtro solare).

Prima e dopo la totalità (la totalità è quando la Luna copre completamente il Sole. Questa fase può durare dai tre secondi ai sei minuti), potete osservare il Sole tramite il telescopio usando un filtro commerciale omologato.

Nell'appendice di questo libro, sono incluse mappe e calendari per tutte le eclissi solari totali e anulari fino all'anno 2025.

Difficoltà: 2 supernove

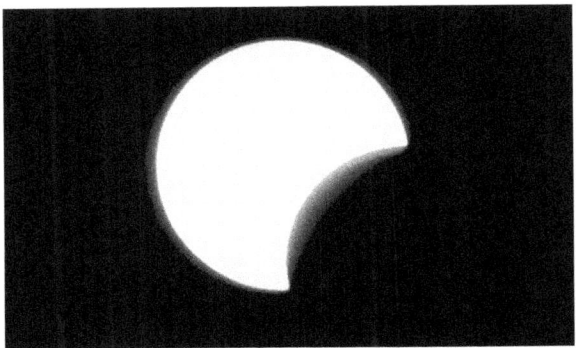

eclissi solare anulare – 20 Maggio 2012

21. Le Pleiadi

Potete saltare questo capitolo se guidate una Subaru, perché vedete questo ammasso stellare ogni volta che date un'occhiata al volante. Se non guidate una Subaru, allora le Pleiadi si trovano a destra di Orione (ovvero la vostra destra, la sinistra di Orione).

Alcuni credono che questa sia la costellazione del Piccolo Carro. Ciò è sbagliato. Il vero Piccolo Carro è poco luminoso, ma decisamente più grande delle Pleiadi, e si trova nel cielo del Nord.

Per trovare le Pleiadi, puntate il telescopio verso Orione, in alto a destra. In genere, in condizioni di scarso inquinamento luminoso, solo 6 delle 7 stelle più luminose delle Pleiadi sono visibili a occhio nudo. In ogni caso, appena guarderete nel telescopio, decine di

stelle compariranno ai vostri occhi!

Le Pleiadi vista al telescopio

Difficoltà: 1 supernova.

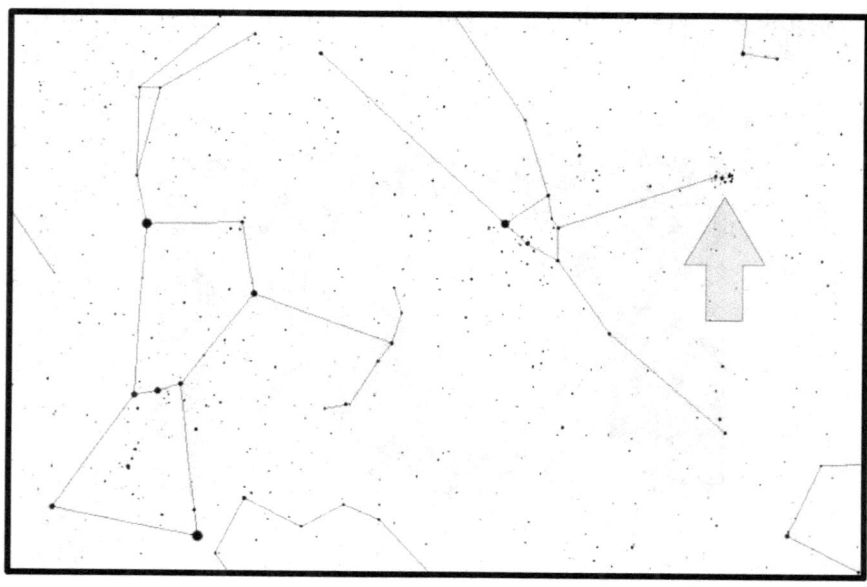

36

22. L'ammasso stellare Ercole

Questo ammasso globulare è uno dei pochi oggetti elencati in questo libro che risiede al di fuori dalla Galassia! È proprio qui che la Terra fu nascosta dopo essere stata rubata nel classico di Dani Simmon *Hyperion* (1989).

Esso è anche uno degli oggetti del profondo cielo più luminosi; e, essendo enorme, è molto facile da individuare! Ci sono varie migliaia di stelle in cielo, e più guardate, più ne appaiono. Se il vostro telescopio è piccolo, questo oggetto apparirà come una macchia grigia.

Come trovarlo? Puntate un lato del quadrato della costellazione Ercole, e scansionate i lati del quadrato finché non lo trovate.

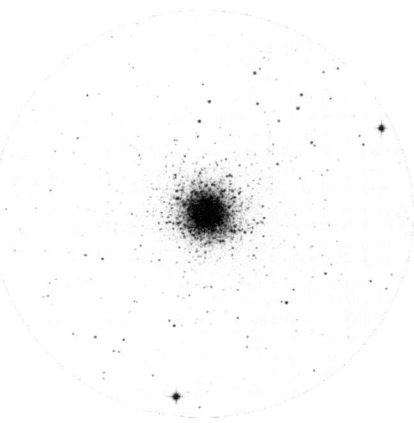

l'ammasso stellare Ercole al telescopio

Difficoltà: 3 supernove.

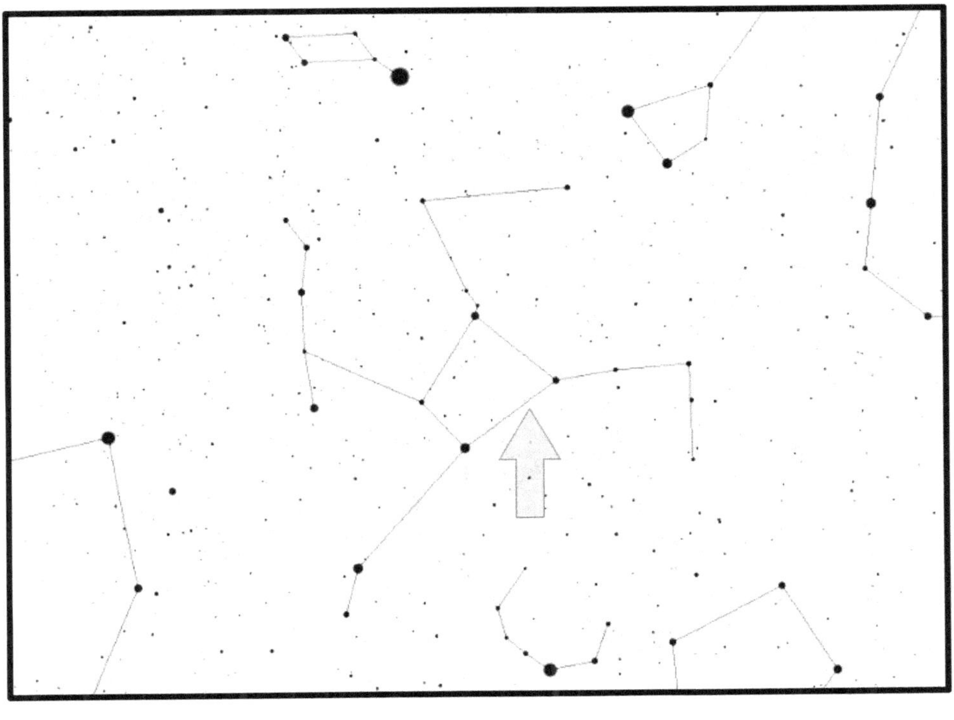

37

23. La Via Lattea!

Se siete degli astrofili (e se possedete un telescopio, lo siete), e non riuscite a trovare la Via lattea, beh, credo che abbiate bisogno di un cielo più scuro. Infatti, tutte le stelle che vedete nel cielo notturno fanno parte della Via Lattea. In genere, quando qualcuno vi dice di essere in grado di vedere la Via Lattea, si sta riferendo al disco galattico della Via Lattea, visibile nella foto sotto.

Se vivete in un'area soggetta ad inquinamento luminoso, probabilmente non riuscirete a vedere il disco lattiginoso della Via Lattea. Infatti, il numero massimo di stelle visibili nel cielo delle grandi città è circa una dozzina. In campagna, se si volesse contare tute le stelle, si riuscirebbe ad arrivare a 6000 in una notte senza Luna. La Via Lattea contiene tra i 300 milioni e i 400 milioni di stelle! Questo è il motivo per cui appare come una striscia lattiginosa bianca nei cieli non illuminati.

Se riuscite a vedere qualsiasi stella nel cielo, state osservando la Via Lattea. Ma guardando nel telescopio puntato verso il disco galattico, vedrete molte più stelle.

Uno dei modi per esplorare il disco galattico della Via Lattea è iniziare in un punto sull'orizzonte e arrivare lentamente ad un altro, non sapete mai cosa troverete.

Difficoltà: 1 supernova

Via Lattea vista dalle isole Hawaii, foto dell'autore.

24. Galassia di Andromeda

Prima del ventesimo secolo, si credeva che la Via Lattea fosse l'unica galassia nell'Universo! Gli astronomi soprannominavano gli oggetti che sembravano risiedere al di fuori della galassia come "universi isola", senza essere sicuri di cosa fossero. Non fino a quando Edwin Hubble misurò accuratamente la distanza della Galassia di Andromeda, si riuscì a mettere fine al dibattito degli universi isola. Prima di Hubble, molti astronomi credevano che la galassia di Andromeda fosse in realtà una nebulosa, chiamata Nebulosa di Andromeda.

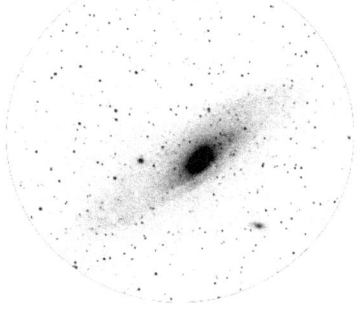

Il fatto interessante riguardo la Galassia di Andromeda, è che essa appare sei volte più larga della Luna piena! In ogni modo, l'unico modo per vedere completamente la galassia, è attraverso la fotografia ad esposizione prolungata. Quando osservate la galassia di Andromeda al telescopio, vedrete soltanto il luminoso nucleo galattico, che apparirà ai vostri occhi come una bellissima macchia grigia.

galassia di Andromeda al telescopio

Per trovare la galassia di Andromeda, usate la costellazione Cassiopea (la grande W) come punto di riferimento, e osservate la distanza tra qualsiasi coppia di stelle che formano la W, e moltiplicate questa distanza per tre come mostrato nel diagramma in basso.

Difficoltà: 3 supernove. Anche se la galassia di Andromeda è visibile a occhio nudo, essa è comunque abbastanza difficile da individuare. Questo perché la maggior parte di noi vive in luoghi troppo soggetti ad inquinamento luminoso.

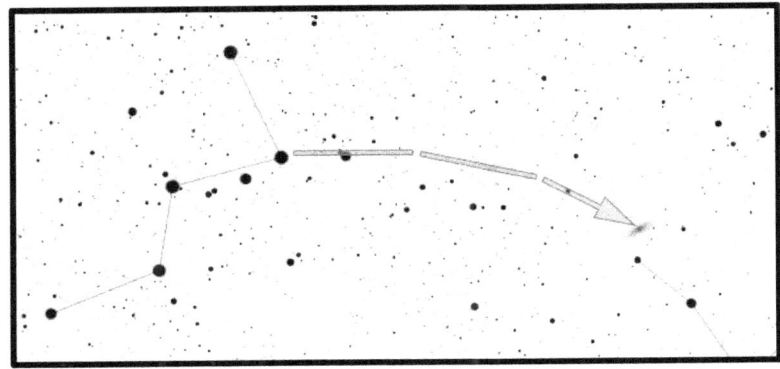

25. Comete

Qual è il modo migliore per scoprire se si riuscirà a vedere una cometa? Leggere i giornali. Le comete in avvicinamento suscitano in genere l'attenzione dei media. In ogni modo, è facile farsi ingannare da previsioni esagerate di luminosità (o apocalittici incontri ravvicinati con la Terra). La maggior parte delle volte, nonostante il clamore, solo poche di queste comete riescono ad essere individuate dall'astrofilo in erba.

Le comete non sono stelle cadenti. Una cometa è una palla di ghiaccio grande come una città, che viaggia ad oltre duecentomila kilometri orari. Quando una cometa si trova vicino al sole, i "gas di scarico" della cometa creano una coda di particelle visibili, lunga milioni di kilometri.

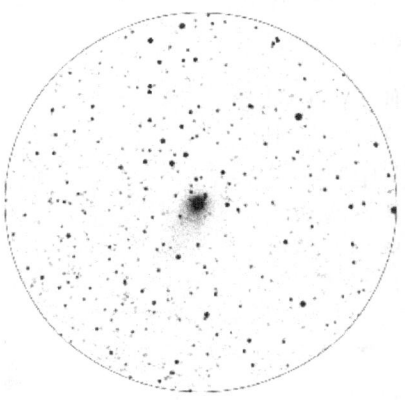

In genere, osserviamo le comete dalla distanza di centinaia di milioni di kilometri. Dunque, anche se viaggiano a grande velocità, esse rimangono visibili

una cometa vista al telescopio

anche per un mese. Ciò concede molto tempo all'astrofilo per effettuare le sue osservazioni.

Come vedere una cometa: i siti web di astronomia, e i telegiornali, annunceranno la notizia di una cometa visibile nel cielo notturno. La maggior parte di queste fonti fornisce istruzioni su dove guardare. Se la cometa è scarsamente luminosa, usate un binocolo per scandagliare il cielo secondo la mappa, e, una volta trovata la vostra cometa, spostate il telescopio per osservarla più da vicino

Difficoltà: 2-5 supernove, a seconda della cometa. 2 se la cometa può essere vista ad occhio nudo, e 5 se scoprite una nuova cometa e le date il vostro nome!

Cometa vista ad occhio nudo

26. Dragone (Draco)

Draco, esatto. Eccoci ad un'altra fermata del nostro tour astronomico di Harry Potter. Dato che tutte le stelle nella costellazione del Dragone non offrono una buona luminosità, non sono loro la ragione per cui questo oggetto si trova nella lista.

Se conoscete il Latino, saprete che, com'è facile immaginare, Draco, il nome latino di questa costellazione, significa dragone. Guardando la costellazione, vedrete la testa del dragone. Bene, ogni Ottobre, questo dragone sputa fuoco! Le Draconidi di Ottobre sono le meteore che sembra vengano sputate dalla testa del dragone.

Per scattare una foto spettacolare, montate la vostra fotocamera su un treppiede e catturate una serie di immagini con 30 secondi di esposizione per tutta la notte. Se non avete una fotocamera con esposizione manuale, usate semplicemente l'impostazione "fuochi d'artificio". Potreste riuscire a catturare una foto di questo dragone sputafuoco degna di essere pubblicata sul giornale.

Difficoltà: 1 supernova per trovare la costellazione, 4 supernove per fotografare una meteora.

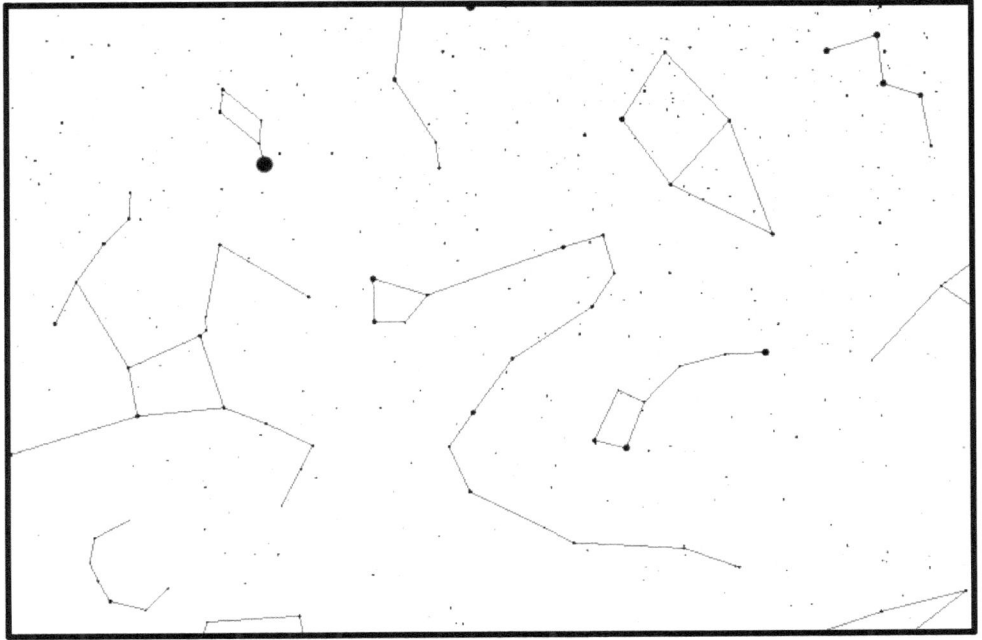

27. Elicotteri e jet

Vivete in un'area ad alto tasso di criminalità? Io sì. La prossima volta che la polizia sta cercando il colpevole, usate il vostro telescopio per vedere se riuscite a distinguere l'elicottero della polizia dall'elicottero del telegiornale.

Potreste pensare che questo sia un oggetto strano da includere in un libro di astronomia. In ogni modo, gli astrofotografi più grandi del mondo come Thierry Legault, usano gli aeromobili per allenarsi ad individuare oggetti veloci in movimento nello spazio, come ad esempio la Stazione Spaziale Internazionale. Il fantastico lavoro di Thierry può essere visionato qui: http://legault.perso.sfr.fr/

Per vedere un aereo col telescopio, è necessario usare un ingrandimento minimo, e quindi un oculare più grande. Utilizzate il cercatore per puntare l'aereo, e spostatelo tenendo l'aereo in visuale. Continuate a seguire l'aereo mentre passate dal cercatore all'oculare.

Seguire un aereo può essere più o meno difficile a seconda della montatura che si usa. Una montatura Lazy-Susan (o Dobsonian), bowl mount, o una montatura da fotocamera vanno benissimo; mentre la montatura equatoriale presenta delle difficoltà, a causa della ristrettezza dei movimenti possibili.

Inseguire gli aerei jet è l'attività preferita dai bambini alle riunioni dei club di astrofilia. Assicuratevi semplicemente che il sole sia già calato, in modo da non puntare accidentalmente il telescopio nella sua direzione. Quando lavoro con gli studenti, a volte giochiamo a chi riesce a indovinare più linee aeree a occhio nudo, e poi guardiamo nel telescopio per scoprirlo!

Difficoltà: 2 supernove

Space Shuttle Endeavour e aereo carrier. Foto dell'autore.

28. L'International Space Station

Conosciuta anche come "ISS" nella comunità astronomica, l'International Space Station è visibile diversi giorni a settimana da quasi ogni luogo sulla Terra. Essa è visibile la mattina prima dell'alba o la sera appena dopo il tramonto.

Osservare la stazione spaziale nel telescopio può essere difficile, specialmente se si utilizza una montatura equatoriale; ma con una montatura Dobsonian, o da tavolo, essa diventa un bersaglio relativamente facile. Utilizzate l'app NASA per smartphone o un'altra app gratuita per il tracking dell'ISS (come ISS Spotter per iPad) per sapere quando l' International Space Station sarà di nuovo visibile.

Per osservare l'ISS col vostro telescopio, utilizzate un'ottica con ingrandimento medio. Prima di tutto individuate, ed iniziate a seguire, la stazione nel cercatore. Dopodiché, passate all'oculare. Se siete fortunati, dovreste riuscire a distinguere i pannelli solari.

ISS. Foto dell'autore.

Com'è possibile vedere così tanti dettagli? Beh, l'ISS orbita soltanto a poche centinaia di kilometri dalla Terra, ed ha delle dimensioni paragonabili a quelle di un campo di calcio. Ciò significa che, quando è più vicina alla Terra, la stazione spaziale può apparire nel nostro telescopio tre volte più grande di Saturno!

Nota: catturare l'ISS nel telescopio è molto più facile se si è in due: una persona che traccia la stazione spaziale nel cercatore, e l'altra che la osserva nell'oculare.

Difficoltà: 4 supernove

ISS vista al telescopio

(Nota: l'ISS si muove MOLTO velocemente).

29. Altair e il Triangolo Estivo

Il Triangolo Estivo (o, come lo chiama mia moglie, "la fetta di pizza gigante), è una porzione interessante di cielo, poiché si trova a cavallo del disco galattico della nostra galassia. A causa di ciò, essa è piena di oggetti da scoprire man mano che ci sia addentra nell'astrofilia e si passa a telescopi superiori.

Il Triangolo Estivo è un altro modo per imparare cose importanti su questa parte di cielo. Esso è delimitato da tre stelle: Vega, Deneb, e Altair.

Altair è probabilmente la stella più usata nel mondo fantascientifico. Una delle ragioni potrebbe essere la sua prossimità alla Terra. Distante solo 16.7 anni luce, essa è una delle stelle luminose più vicine a noi. Nella *Guida galattica per autostoppisti,* i dollari altariani vengono usati come valuta per tutto il libro. Altair viene inoltre menzionata in più episodi di Star Trek, e anche in *Star Trek, l'ira di Khan.* Essa viene menzionata anche in un paio di episodi del *Doctor Who.*

Sfortunatamente, non è ancora stato scoperto alcun pianeta orbitante intorno ad Altair. In ogni modo, le cose potrebbero cambiare con il lancio di una sonda chiamata TESS (Transiting Exoplanet Survey Satellite), che verrà lanciata nel 2017. TESS scansionerà continuamente circa due milioni delle stelle più vicine a noi, in cerca di pianeti simili alla Terra.

Difficoltà: 1 supernova

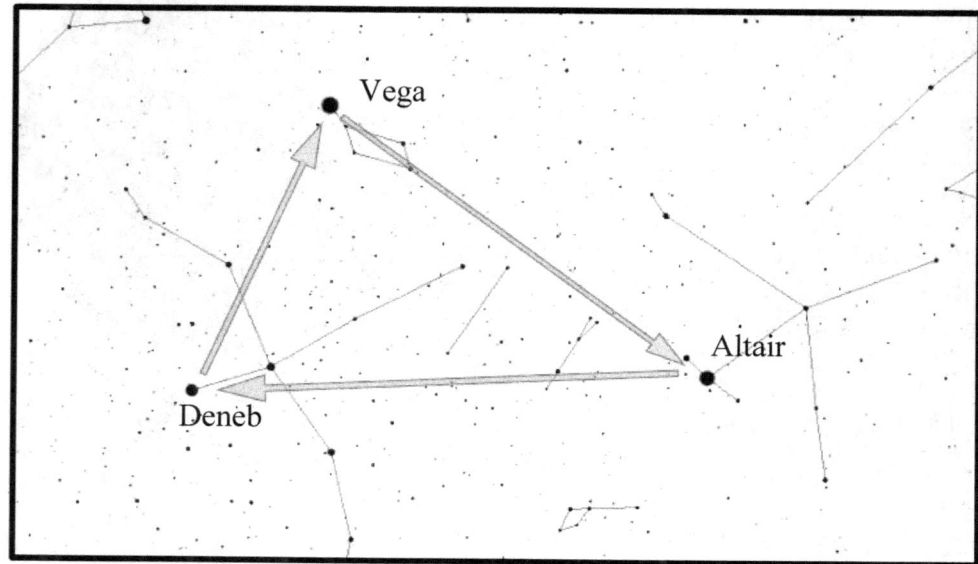

30. Città e paesaggi

Puntare il telescopio su oggetti fermi al suolo è un ottimo modo per valutare la potenza del proprio telescopio. Una volta, mentre partecipavo come volontario ad un evento a Mount Diablo in California, puntammo il telescopio verso San Francisco. A quanto pare, i Giants avevano appena vinto la partita, e i fuochi d'artificio stavano esplodendo sopra lo stadio! Senza telescopio, non sarebbe stato possibile vederli, e tutti i bambini presenti quella notte si radunarono intorno al telescopio, facendo a turni per vedere i fuochi!

La difficoltà, e la sfida, nell'osservare gli oggetti al suolo, risiede nel fatto che, nella maggioranza dei telescopi, l'immagine risulta invertita. Per questa ragione, alcuni telescopi utilizzano una lente di inversione per girare le cose dal verso giusto.

I paesaggi diventano ottimi bersagli telescopici se siete in campeggio o se avete montato il telescopio prima dell'alba. Perché credete che così tante destinazioni turistiche abbiano installato telescopi e binocoli fissi ad ogni belvedere?

Se vi trovate a Yosemite, provate a vedere gli scalatori sull'El Capitan! Se vi trovate a Lava Beds National Monument, date un'occhiata ai kilometri di roccia vulcanica. Se siete a Roma, provate a vedere San Pietro. Campeggio sulla spiaggia? Usate il telescopio per osservare le navi a largo.

Potreste riuscire a vedere una balena!

Difficoltà: 1 supernova

il Golden Date Bridge visto da Mount Diablo. Foto dell'autore.

31. Uccelli

Personalmente, non ne so molto di uccelli, ma c'è gente che acquista telescopi soltanto per fare bird watching. Alcuni piccoli telescopi, come il Meade ETX 60, sono dotati di uno slot fotocamera separato proprio a questo scopo.

Uno degli aspetti più interessanti dell'osservazione ornitologica al telescopio, è la profondità di campo. Profondità di campo è un termine usato in fotografia per descrivere il grado in cui un determinato soggetto viene messo a fuoco. Quando si osserva un uccello su un albero con un telescopio, solo l'uccello viene messo a fuoco, grazie al campo profondo debole creato dal telescopio.

Il telescopio è in grado di esprimere il massimo potenziale ornitologico quando si tratta di vedere uccelli a grande distanza; altrimenti sarebbe meglio usare dei binocoli. Secondo una veloce ricerca sul web, gli uccelli più belli da vedere al telescopio sono gli uccelli marini, o, in aperta campagna, la selvaggina

Difficoltà: 2 supernove, se ci sono tanti uccelli. 4 supernove se ci sono pochi uccelli.

uccello a Berkeley. Foto dell'autore.

32. La Nebulosa Manubrio (M27)

Scoperta nell'anno 1764 dall'astronomo francese Charles Messier, la Nebulosa manubrio è stata la prima nebulosa planetaria ad essere scoperta. Essa è, inoltre, l'oggetto descritto in questo libro che presenta le maggiori dimensioni apparenti. La foto sotto ne mostra le dimensioni apparenti in confronto alla Luna.

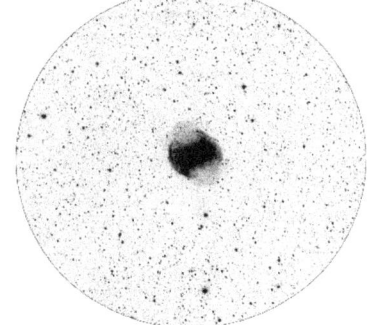

il Manubrio visto al telescopio

Questa nebulosa si trova nel Triangolo Estivo tra le costellazioni Volpetta e Sagitta.

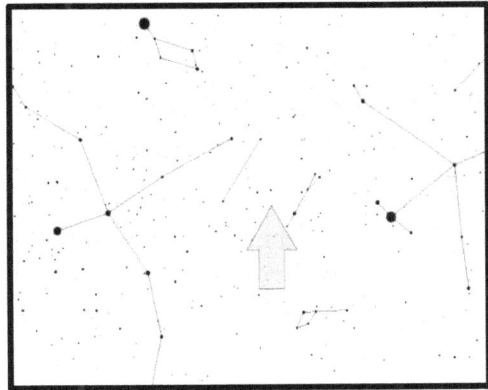

È interessante notare che la Nebulosa Manubrio non ricevette il suo attuale nome fino al 1883, anno in cui l'astronomo John Herschel registrò la seguente osservazione:

"Una nebulosa con la forma di un manubrio, il cui contorno ellittico è completato da una fioca luce nebulosa."

Difficoltà: 3 supernove

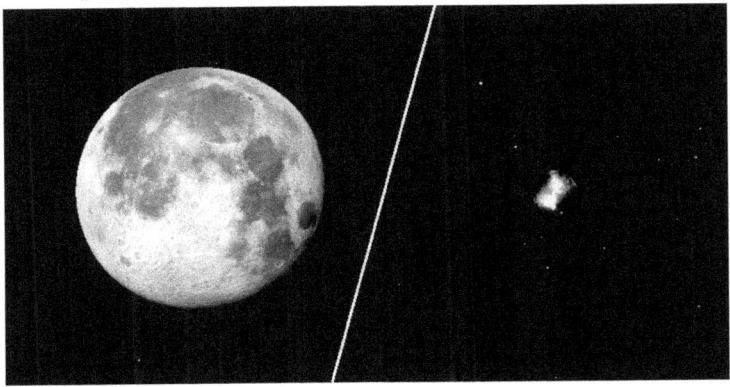

Luna e M27 con lo stesso ingrandimento

33. Albireo

Albireo è decisamente la stella preferita agli eventi di astrofilia. Questo a causa del grande contrasto osservabile tra due colori stellari: Albireo in sé è una stella gialla, ma è anche una stella binaria con una compagna blu. Queste stelle sono denominate rispettivamente Albireo A e Albireo B.

Albireo si trova alla base della Croce del Nord, che è in realtà non una costellazione, bensì un asterismo (un asterismo è un gruppo di stelle facilmente riconoscibile che non è considerato ufficialmente una costellazione. Un altro esempio di asterismo è il Grande Carro). Questa costellazione è in realtà Cygnus, il Cigno. Il Cigno è principalmente una costellazione estiva autunnale.

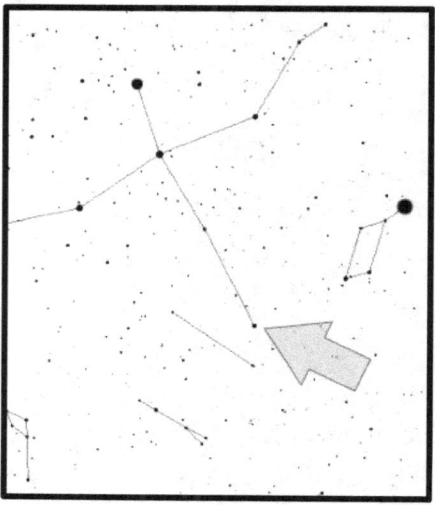

Difficoltà: 2 supernove

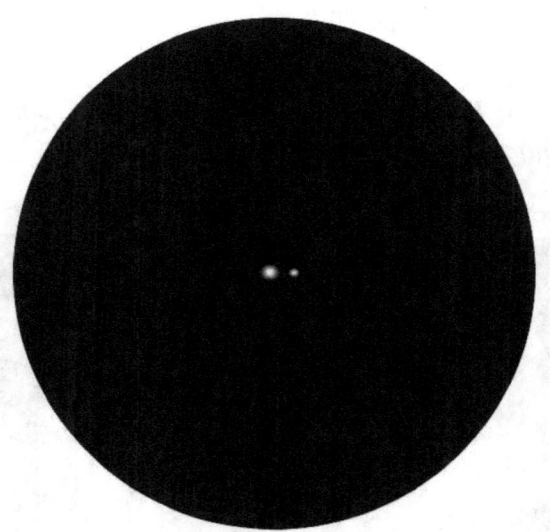

Albireo vista al telescopio (in questa immagine, la stella gialla si trova sulla sinistra).

34. Mizar e Alcor

Se riuscite a vedere queste due stelle ad occhio nudo, non avete bisogno di oculisti. Soprannominata "il cavallo e il cavaliere", un tempo, riuscire a vedere queste due stelle del Grande Carro costituiva un test oculistico! In ogni modo, oggi giorno, la maggior parte delle persone è in grado di vedere queste due stelle con l'ausilio di lenti correttive.

Queste stelle costituiscono il centro del manubrio del Grande Carro. Osservando queste stelle, notate innanzitutto le doppie stelle visibili ad occhio nudo, ed osservate di nuovo entrambe le stelle, ma con il telescopio. Noterete che la più luminosa delle due stelle, è in realtà a sua volta una stella doppia!

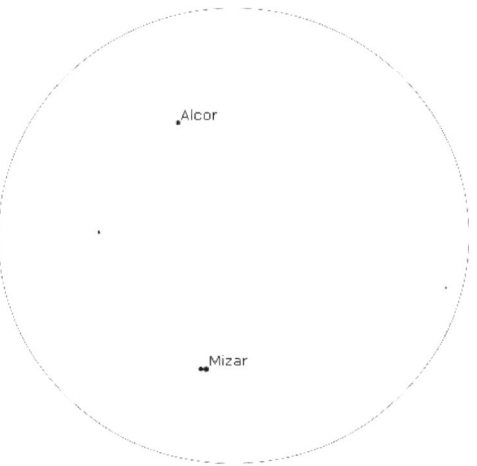

Difficoltà: 2 supernove

Mizar e Alcor viste al telescopio

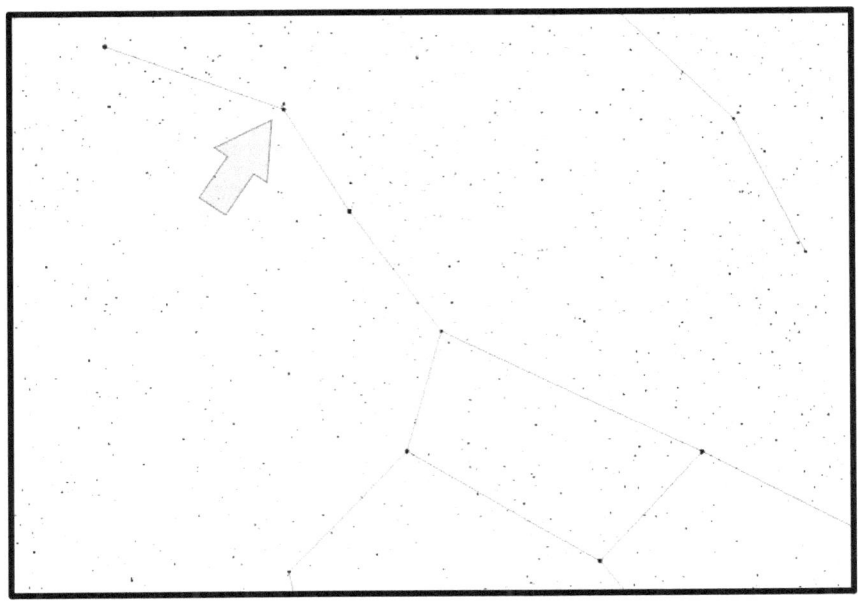

35. Ammasso Doppio di Perseo

Questi ammassi stellari sono interessanti per due ragioni. Prima di tutto, sono facili da individuare nell'emisfero settentrionale, dato che si trovano sopra l'orizzonte durante la maggior parte delle serate dell'anno. Secondo, ogni anno lo sciame meteorico delle Perseidi origina da questa parte di cielo, a metà Agosto.

Gli ammassi stellari sono l'esempio ideale per mostrare quante stelle esistano! Per trovare il doppio ammasso di Perseo, osservate Cassiopea (la grande W); troverete gli ammassi in basso a sinistra della W (o in alto a destra della grande M, secondo il periodo e la stagione).

Difficoltà: 2 supernove.

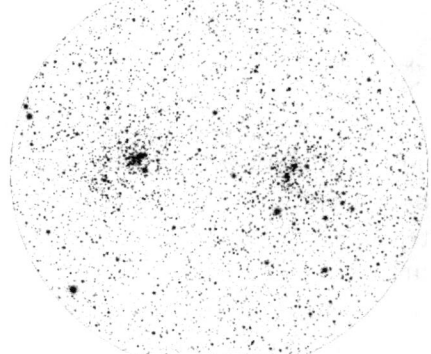

l'Ammasso Doppio visto al telescopio

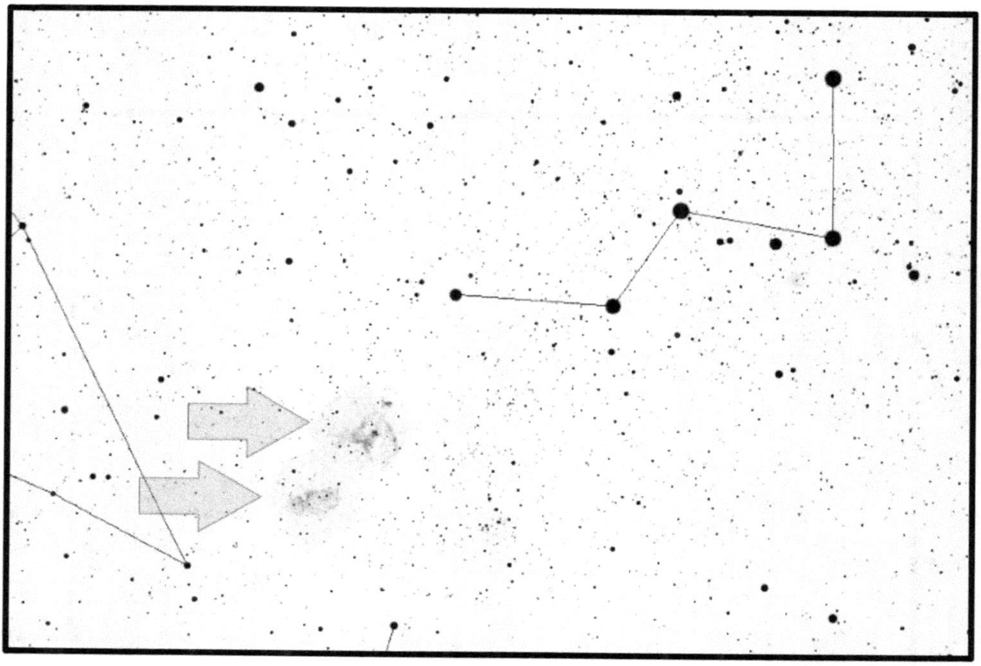

36. Vega

Sì, il pianeta di Jodie Foster; scherzo (l'impianto radio alieno extraterrestre dal libro e film *Contact* si trova su Vega).

È interessante notare come Vega, circa dodicimila anni fa, fosse la stella polare dell'epoca, e lo sarà di nuovo tra circa dodicimila anni. Questo è dovuto al fattore di precessione della Terra intorno al proprio asse.

La precessione è una proprietà degli oggetti in rotazione. Potete osservare direttamente l'effetto di precessione, facendo girare una trottola o un giroscopio. Il giroscopio, se toccato durante la rotazione, sarà affetto da precessione ed inizierà ad ondeggiare dolcemente. Per quanto riguarda la Terra, la precessione è principalmente il risultato dell'influenza gravitazionale del Sole e della Luna.

Vega è la stella più luminosa nella costellazione della Lira, ed è visibile in alto nel cielo durante l'estate. Inoltre, in questa costellazione si trova la famosa Nebulosa Anello (di cui discuteremo nella prossima sezione).

Difficoltà: 1 supernova

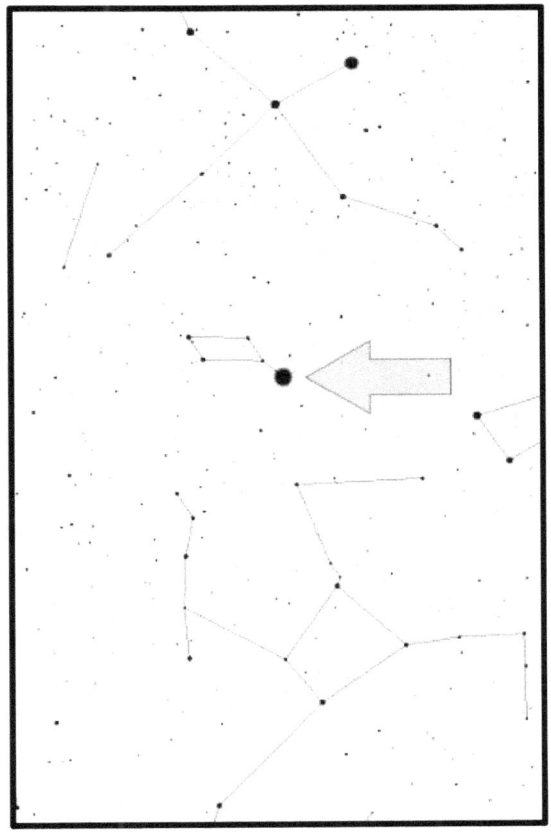

37. La Nebulosa Anello

La Nebulosa Anello appare, nei nostri telescopi, circa della stessa grandezza di Giove, ma non così luminosa. La sfida, coi piccoli telescopi, sta nel distinguere il buco nell'anello. Per vedere il centro dell'anello, necessiterete di un telescopio dotato di lente, o specchio, con almeno 10cm (4 pollici) di diametro.

La Nebulosa si è formata quando una stella gigante rossa ha espulso il suo guscio esterno di gas ionizzato, lasciando solo una stella nana bianca, dove una volta era la gigante rossa.

Per trovare la Nebuosa Anello, puntate il telescopio tra le stelle *Sheliak* e *Sulafat* nella costellazione della Lira.

Difficoltà: 3 supernove

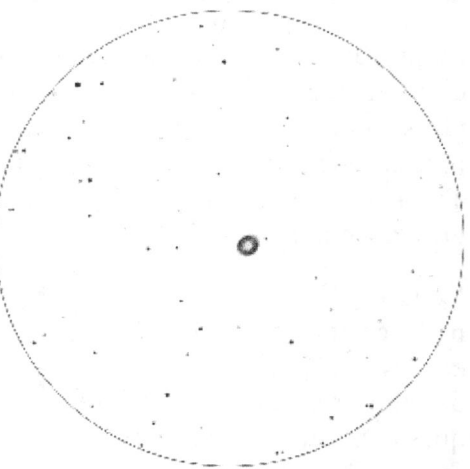

la Nebulosa Anello vista al telescopio

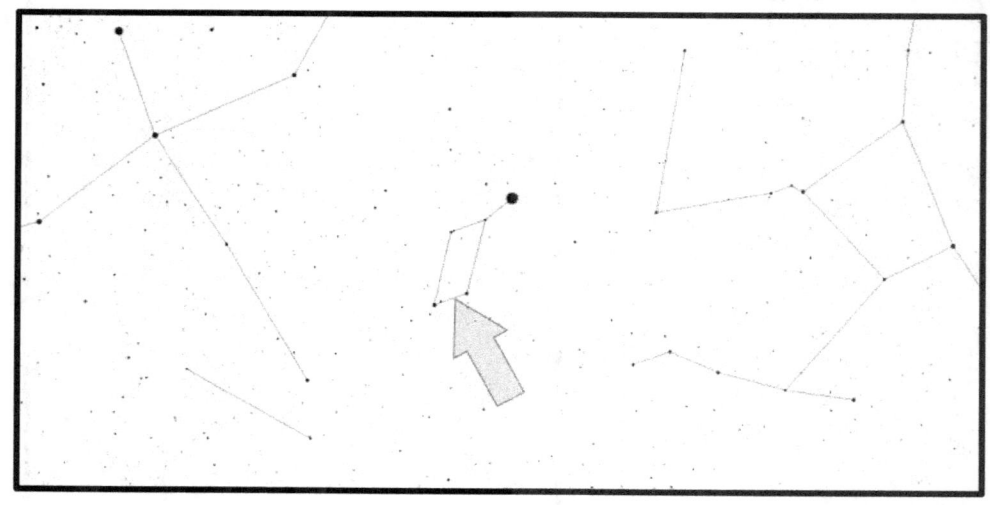

38. Meteore, meteoriti e meteoroidi!

Meteore, meteoriti e meteoroidi! Anche io ogni tanto faccio confusione tra questi termini! Una "stella cadente" è una meteora. Un buon metodo per ricordare questo fatto, è che esistono gli "sciami meteorici", e non gli "sciami di meteoritici". La roccia spaziale, diventa un meteorite soltanto una volta toccato il suolo. Meteoroide è il termine con cui ci si riferisce alla roccia in sé, prima che essa entri nell'atmosfera. Probabilmente, non riuscirete mai a vedere un meteoroide col telescopio, a causa delle loro dimensioni ridotte; in genere, quando hanno un diametro maggiore di pochi piedi, questi vengono classificati come asteroidi.

Se vi piace alzare lo sguardo al cielo notturno, vedrete molte meteore, ve lo garantisco. Soltanto Venerdì scorso, stavo lavorando insieme a degli studenti di Walnut Creek, in California, quando una meteora molto luminosa passò nella sezione di cielo che stavamo osservando. Abbiamo potuto osservare la meteora disgregarsi e sibilare per qualche secondo.

La maggior parte delle meteore sono più piccole di una pallina da golf! È possibile vederle perché si muovono a decine di kilometri al secondo, e quando queste particelle colpiscono l'atmosfera, bruciano in maniera molto luminosa.

È possibile vedere le meteore anche al telescopio! Non si può programmare l'avvistamento di una meteora, ma guardando abbastanza a lungo, prima o poi una di esse attraverserà il vostro campo visivo.

Difficoltà: 1 supernova senza telescopio, 3 supernove se siete fortunati abbastanza da vedere una meteora che attraversa il vostro campo visivo nel telescopio.

l'autore tiene in mano un meteorite

53

39. Asteroidi Cerere e Vesta

Forse conoscete già la cinta di asteroidi tra Marte e Giove, ma la maggior parte delle persone non si rende conto della rarità della cinta. Anche nella cinta di asteroidi, lo spazio è molto, molto vuoto. La massa di Cerere costituisce un terzo dell'intera cinta di asteroidi, e la massa di tutti gli asteroidi costituisce meno del 4% della massa della nostra Luna!

Nel 2006, l'International Astronomical Union ha riclassificato Cerere come pianeta nano (proprio come Plutone). Vesta, a causa della sua minore massa, è classificata come pianetoide. Entrambi questi oggetti, in ogni modo, sono abbastanza piccoli e lontani da apparire come stelle nel telescopio. Cerere e Vesta, in condizioni di scarsissima illuminazione, possono essere visti anche ad occhio nudo.

Vesta fotografato dalla sonda spaziale Dawn

Per trovare Cerere o Vesta, utilizzate un software di astronomia, proprio come avete fatto per trovare i pianeti. Una volta individuata la posizione dell'asteroide, prendete nota delle stelle circostanti e puntate il telescopio in quella direzione. Se non siete sicuri di quale punto corrisponda all'asteroide, abbozzate uno schizzo delle stelle più luminose che vedete nell'area. Osservando la stessa area, pochi giorni più tardi, individuerete l'asteroide cercando l'oggetto che ha cambiato posizione.

Difficoltà: 4 supernove

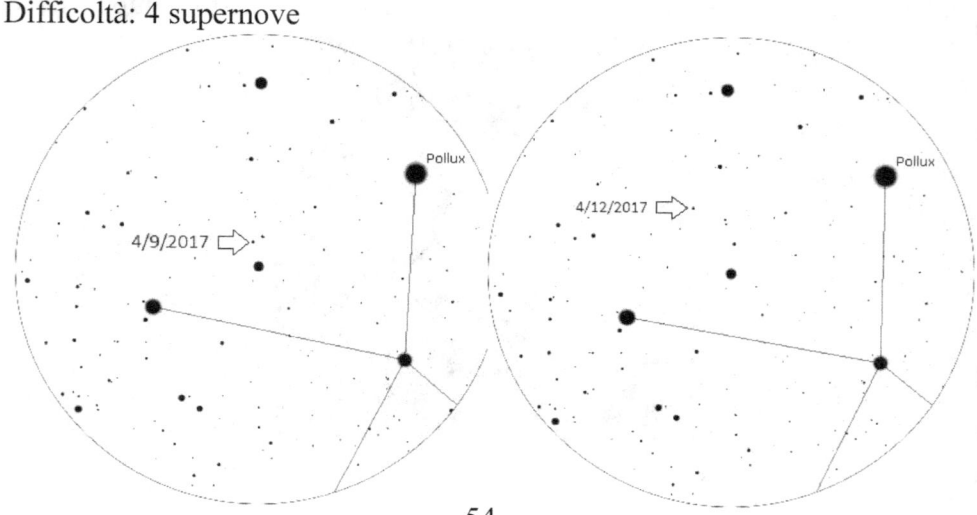

40. La Galassia Vortice (M51)

La Galassia Vortice, o M51. Essa è facile da trovare con un piccolo telescopio, o anche con il solo ausilio di un paio di binocoli, ma solo in notti senza Luna e lontano dalle luci della città. Questa Galassia ha una galassia compagna più piccolo chiamata NCG 5191 oM51b. L'interazione gravitazionale tra queste due strutture è la causa della forma a spirale ben definita della galassia.

Gli astronomi hanno scoperto che al centro delle galassie più grandi si trovano dei buchi neri supermassicci, e secondo le osservazioni del telescopio Hubble di M51, intorno al centro della galassia è osservabile un pattern a forma di X. Una barra della X è probabilmente polvere che circonda il buco nero, la seconda barra della X potrebbe essere polvere che

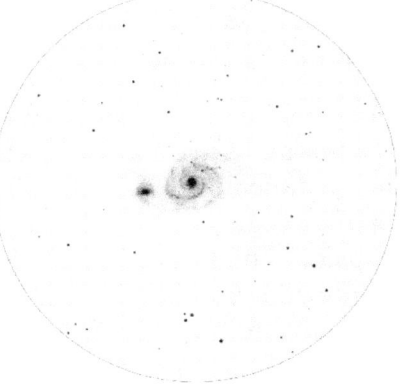

interagisce con un cono di particelle ionizzate. Sono necessarie ulteriori osservazioni prima che si raggiunga il consenso scientifico.

In questa galassia, sono state inoltre scoperte delle supernove negli anni 1994, 2005 e 2011.

Per trovare la Galassia Vortice, immaginate un triangolo inclinato con la punta verso destra che parte dalla maniglia del grande carro come mostrato sotto.

M51 vista al telescopio

Difficolà: 4 supernove

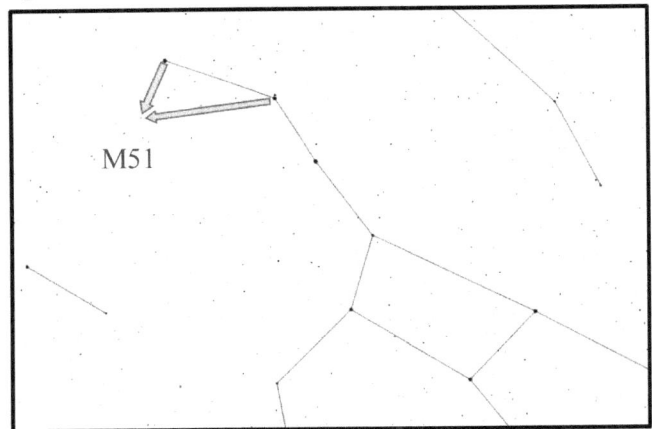

M51

41. Oggetti del profondo cielo nel Sagitario

Pur essendo un astrofilo, preferisco non cercare di individuare l'intera costellazione del Sagittario. Fortunatamente, esiste un asterismo (costellazione non ufficiale) chiamato "Teiera", che io considero come il Sagittario (vedere immagine).

Il Sagittario è un ottimo punto da cui partire per esplorare gli oggetti del profondo cielo (oggetti al di fuori del nostro sistema solare), perché si trova in direzione del centro della nostra galassia, la Via Lattea. Questo è un ottimo punto per esplorare liberamente, perché c'è una buona possibilità di trovare molti oggetti interessanti anche senza l'uso di mappe.

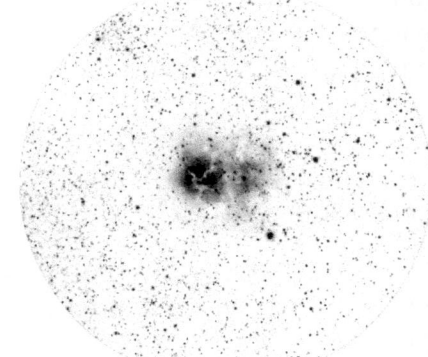

Nelle vicinanze della Teiera, potreste trovare la Nebulosa Laguna, la Nebulosa Omega, e la Nebulosa Trifida.

Per vedere tutte le cose belle del Sagittario, usate un oculare senza troppo ingrandimento, dato che la maggior parte degli oggetti che troverete appaiono piuttosto grandi. Scansionate la porzione in alto a destra della Teiera per trovare le nebulose, e il resto dell'asterismo per trovare gli ammassi stellari.

la Nebulosa Trifida vista al telescopio

Difficoltà: 3 supernove.

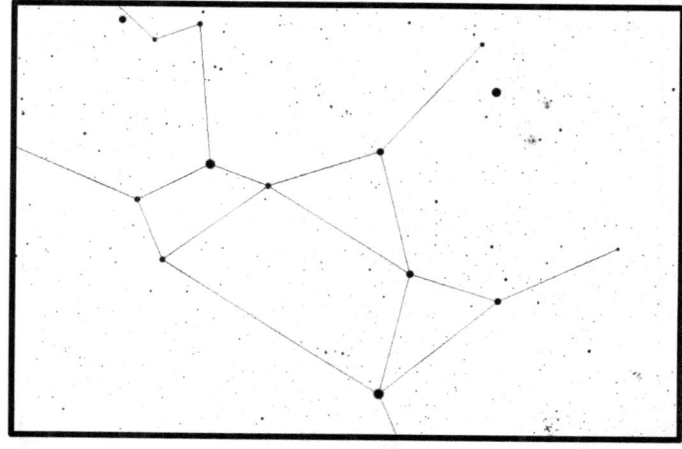

42. M81 e M82

Dopo Andromeda, M81 e M82 sono due delle galassie più facili da individuare. M82 è soprannominata la Galassia Sigaro, per via della sua apparenza quando la si osserva dalla Terra. M81 è anche chiamata Galassia di Bode, ma non è un termine che sento usare molto spesso.

M81 è particolarmente interessante per gli astronomi professionisti, dato che, nel centro, si trova un gigante buco nero con una massa equivalente a 70 volte quella del nostro sole!

Per vedere queste galassie, utilizzate un oculare con basso ingrandimento. Usando il Grande Carro come guida, tracciate una linea immaginaria tra l'insenatura del Grande Carro in basso a sinistra e la stella sulla sua diagonale. Dopodiché, estendete questa linea che parte dal becco per arrivare al punto in cui si trovano queste galassie.

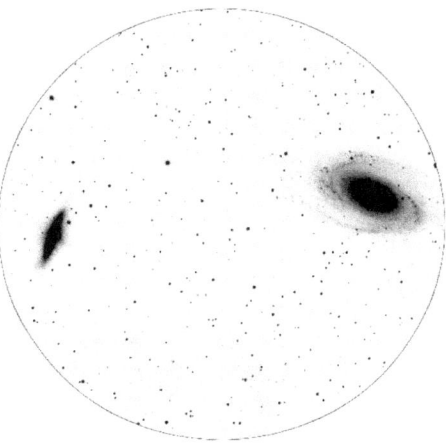

M81 e M82 viste al telescopio

Difficoltà: 4 supernove

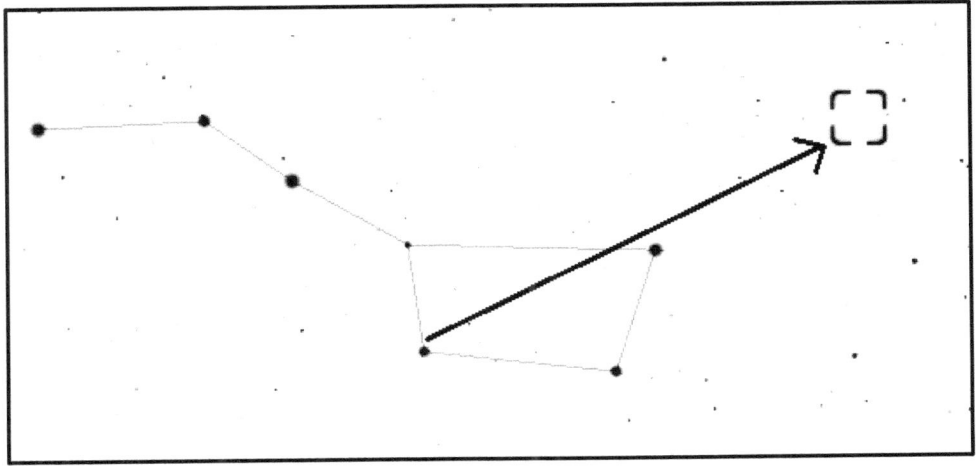

43. Urano

Proprio come Saturno è il padre di Giove, Urano è il padre di Saturno.

Dato che Urano si trova così distante dal sole, esso rimarrà approssimativamente nella stessa porzione di cielo per tutta la durata della nostra vita. Nel ventunesimo secolo, il periodo migliore per osservare questo pianeta è all'inizio dell'autunno.

Per trovare Urano, consultate il vostro software di astronomia per individuare la posizione precisa del pianeta. Utilizzate un oculare a basso ingrandimento per trovare il pianeta, e passate poi a magnificazioni maggiori per definire il pianeta e distinguerne la tonalità di colore.

Difficoltà: 4 supernove

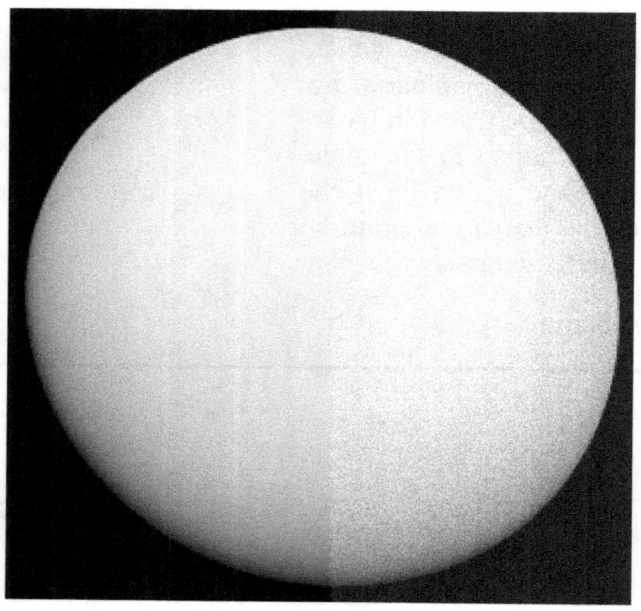

Urano fotografato dalla sonda spaziale Voyager 2

44. Nettuno

Dopo che Plutone è stato degradato a "pianeta nano" dall'Astronomical Union, Nettuno è diventato il pianeta più distante dal Sole (nel nostro sistema solare). Come per gli altri pianeti del sistema solare, ad eccezione della Terra, questo pianeta prende il nome da un dio romano, in questo caso il Dio del Mare.

Nettuno ha una scarsa luminosità, esso è infatti uno degli oggetti meno luminosi elencati in questo libro. In ogni modo, essendo blu, riesce ad essere distinto dalle stelle sullo sfondo. Come avete fatto per Urano, utilizzate un oculare senza eccessivo ingrandimento per trovare il pianeta. Dopodiché, passate ad un oculare con ingrandimento maggiore per osservarlo meglio. Nota, soltanto con telescopi con sei pollici o più di diametro, si riesce a distinguere il disco di Nettuno. Con telescopi minori, il pianeta apparirà come un punto luminoso.

Difficoltà: 4 supernove

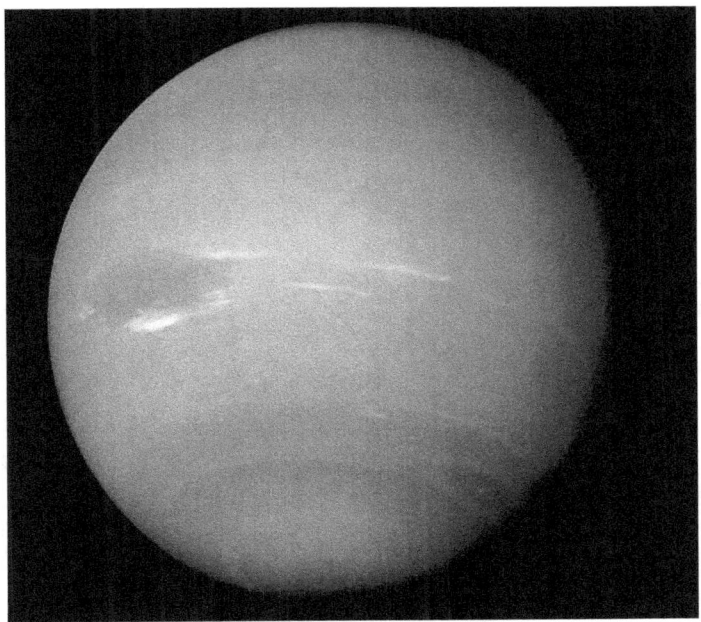

Nettuno fotografato dalla sonda spaziale Voyager 2

45. Mercurio

Data l'estrema vicinanza di Mercurio al Sole, questo pianeta può essere estremamente difficile da osservare bene. Potrebbe apparire nel cielo notturno soltanto per pochi giorni all'anno. Come per Venere, anche l'osservazione di Mercurio è soggetta a fasi. Queste fasi ne alterano grandemente la luminosità. Quando Mercurio è visibile, esso rimane visibile soltanto per un breve periodo, appena prima dell'alba e subito dopo il tramonto.

Per trovare il momento migliore per vedere Mercurio, usate un software di astronomia come Stellarium, cliccate e bloccate (premendo Spazio) su Mercurio. Dopodiché, utilizzate il software per accelerare fino al momento in cui il pianeta si trova sopra l'orizzonte dopo il tramonto. O, altrimenti, tenete d'occhio i siti di astronomia per ricevere notifiche quando è visibile.

Quando si osserva Mercurio tramite un telescopio, esso può apparire estremamente luminoso, addirittura scintillante, come se andasse a fuoco. La luminosità apparente di Mercurio è dovuta alla sua vicinanza al Sole, ma lo scintillio è dovuto alla sua prossimità all'orizzonte. Quando si osservano oggetti che bassi nel cielo, infatti, l'osservazione avviene tramite un'atmosfera più densa rispetto a quella presente direttamente sopra le nostre teste. È la distorsione atmosferica, che fa apparire l'oggetto così scintillante.

Difficoltà: 4 supernove.

Mercurio fotografato dalla sonda spaziale Messenger

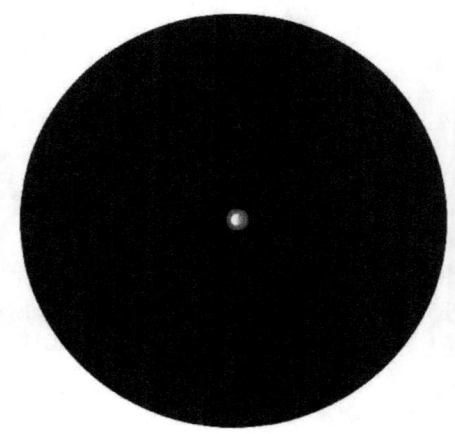

Mercurio visto al telescopio

46. Occultazione Luna-stella

Le occultazioni avvengono quando un corpo celeste si sposta dietro ad un altro corpo celeste. Più o meno come un'eclissi. Le occultazioni più interessanti avvengono quando la Luna passa davanti ad una stella.

Le occultazioni radenti tendono ad essere le più interessanti; queste si verificano quando una stella sembra radere la superficie della Luna, vista dalla Terra. Durante un'occultazione radente, non è raro che una stella inizi a lampeggiare mentre passa tra le catene montuose e i canali della Luna.

Questa è un'ottima occasione per utilizzare la funzione "tempo" del vostro software di astronomia. Per sapere quando avverrà un'occultazione (senza consultare giornali, riviste o siti web di astronomia), aprite semplicemente il vostro software di astronomia e selezionate la Luna.

Dopo aver selezionato la Luna, essa dovrebbe rimanere fissa al centro della schermata (su Stellarium, provate a premere la barra spaziatrice). Dopodiché, utilizzate la funzione tempo per iniziare a far scorrere le "ore" nel futuro. Dovreste vedere le stelle che scorrono sullo sfondo, mentre la luna rimane ferma. Potrebbe essere necessario andare avanti di alcune settimane, prima di riuscire a trovare un fenomeno di occultazione stellare ben visibile. Quando avete trovato l'occultazione che vi interessa, segnate la data e l'ora sul calendario e impostate un promemoria 30 minuti prima dell'evento, per ricordarvi di montare il telescopio.

Difficoltà: 4 supernove

47. Occultazione pianeta-Luna

Come già detto, un'occultazione si verifica quando due corpi celesti si allineano in modo che uno copra l'altro dalla prospettiva dell'osservatore. Ad esempio, se Saturno passasse dietro la luna, diremmo: "Saturno è stato occultato dalla Luna" (sembra quasi un crimine).

Per trovare un'occultazione planetaria, usate la stessa tecnica vista per le occultazioni stellari. Selezionando la Luna nel software, mandate avanti le ore per qualche giorno, o qualche settimana, o mese, finché non vedete la Luna passare direttamente davanti ad un pianeta. Dopodiché, impostate un promemoria ed aspettate che l'evento si verifichi.

Catturare una foto di questi eventi col vostro smartphone è difficile, ma non impossibile. Per scattare una foto con il vostro smartphone, posizionate la fotocamera sull'oculare, e toccate l'immagine della Luna. In questo modo, dovreste riuscire ad impostare la messa a fuoco e l'esposizione. Dopodiché, scattate la foto! Se riuscite a scattare una bella foto, postatela immediatamente su www.spaceweather.com. Caricando la vostra foto in quel sito, potrebbe finire su CNN o altri grandi news network internazionali!

Difficoltà: 4 supernove

48. La Nebulosa Granchio (M1)

Il 4 Luglio dell'anno 1054 accadde qualcosa di speciale. No, non erano i festeggiamenti per il giorno dell'indipendenza americana, visto che l'America non era ancora stata scoperta. In questo giorno, gli astronomi cinesi osservarono quella che credevano essere una nuova stella, una stella più luminosa di Venere! Dopo qualche settimana, in ogni modo, la nuova stella si affievolì, ma rimase ancora visibile per quasi due anni, dopodiché la stella venne quasi del tutto dimenticata.

La storia poteva finire lì, ma nel 1731, quasi settecento anni dopo, un astronomo britannico chiamato John Bevis osservò una chiazza nello stesso punto esatto. Quasi trent'anni dopo questo evento, un cacciatore di comete francese chiamato Charles Messier, aggiunse questa "macchia" al suo (ormai famigerato) catalogo di oggetti che "non sono sicuramente comete". Messier designò l'oggetto come "M1". In altre parole, la macchia era l'elemento numero uno sulla sua lista di "non comete".

Sappiamo ora che la Nebulosa Granchio è ciò che rimane di una supernova. I cinesi osservarono la supernova vera e propria, l'esplosione violenta di una stella. Oggi, guardando nel telescopio, possiamo osservare l'esplosione di polvere e gas ancora in corso, che vengono sparati nello spazio a quasi 6 milioni di kilometri all'ora.

Per trovare la Nebulosa Granchio, cercate l'area che si trova proprio sopra la testa di Orione. Difficoltà: 3 supernove

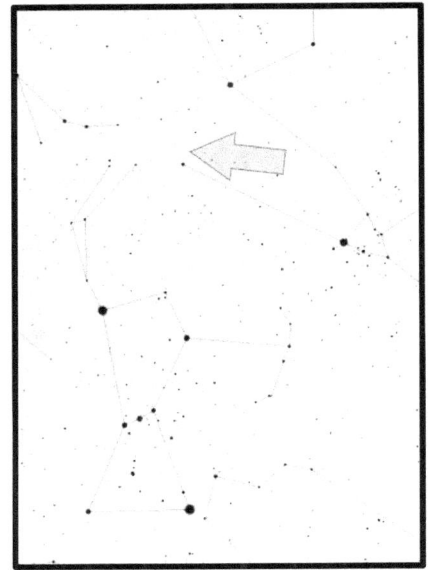

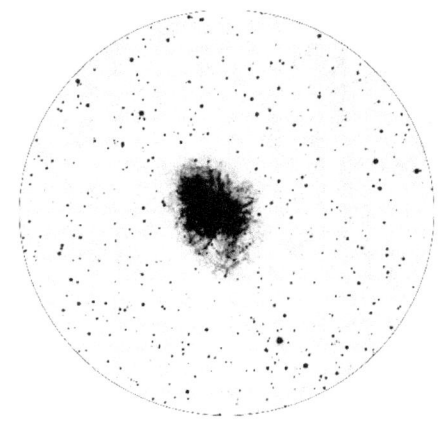

Nebulosa Granchio al telescopio

49. Iridium Flare

Un normale satellite in orbita, quando visto dalla Terra, è luminoso più o meno come una stella di bassa intensità. I satelliti possono essere osservati, in rapido movimento, poco dopo il tramonto o prima dell'alba. In ogni modo, se scorgete un satellite Iridium Communications, con scintillanti antenne multiple piatte, allora state per assistere ad un vero spettacolo!

Il modo più facile per sapere quando è possibile assistere ad un flare dei satelliti Iridium Communications, è scaricare un'app per smartphone come Sputnik: http://sputnikapp.info - questa app fornisce previsioni secondo la vostra posizione, e quando sta per verificarsi un flare, invia una notifica all'utente.

Non c'è bisogno di un telescopio per vedere questi flare, ma usarlo potrebbe essere divertente. Inoltre, osservare oggetti in movimento nel cielo è un buon allenamento per osservazioni difficoltose come asteroidi che passano vicino alla terra o l'International Space Station.

Difficoltà: 3 supernove.

Iridium Flare sopra San Francisco. Foto dell'autore.

50. Supernove

Se state osservando Andromeda (o qualsiasi altra galassia visibile), e vi accorgete che c'è una nuova "stella", potreste aver appena individuato una supernova! Le supernove avvengono quando una stella esplode e rilascia abbastanza energia da illuminare un'intera galassia.

La caccia alle supernove è molto in voga nel mondo astroamatoriale, ma, in ogni modo, una spiegazione dettagliata dei metodi impiegati per scoprire una supernova meriterebbe un libro molto più grande di questo. A grandi linee, quando una stella diventa una supernova, delle particelle chiamate neutrini vengono rilasciate durante le ore precedenti l'esplosione. Questi neutrini vengono rilevati da alcuni strumenti che si trovano intorno alla Terra, che forniscono un rilevamento di posizione approssimativo del luogo in cui dovrebbe verificarsi la supernova. Su Internet, viene inviata una notifica ai membri della comunità astronomica e la caccia ha inizio! Se siete gli unici ad aver osservato la supernova, il vostro nome finisce sui telegiornali.

Se, in ogni modo, la supernova è già stata scoperta, potete comunque trovarne la posizione visitando un sito web come http://www.skyandtelescope.com e provare a vederla in prima persona!

Difficoltà: 5 supernove

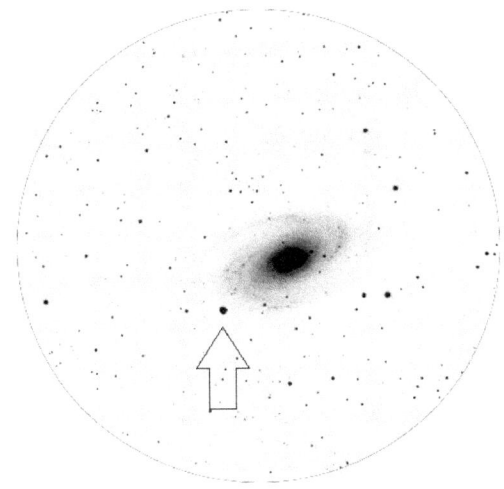

Supernova vista al telescopio

Oggetto 51 - UFO

Ogni anno avvengono decine di migliaia di segnalazioni di avvistamenti UFO. Queste segnalazioni vengono in genere effettuate da persone non abituate ad osservare il cielo, o che riguardano i propri filmati e vedono qualcosa che non capiscono.

Gli avvistamenti UFO possono essere spesso spiegati da comuni illusioni ottiche, o fenomeni inerenti al proprio equipaggiamento fotografico. Comunque, l'osservazione di qualcosa che non si capisce rimane un'esperienza entusiasmante. Molta gente negli, Stati Uniti, vive vicino a basi militari, e vede regolarmente cose volanti che, ai propri, rifuggono ogni logica.

Ho visto il mio primo "UFO" quando, da ragazzino, me ne andavo consegnando giornali. Mi trovavo vicino ad un campo coltivato, alle 5 di mattina, quando una luce brillante si alzò da dietro una collina distante. Mi fermai e guardai la luce brillante diventare sempre più grande, quasi fino a diventare accecante. La luce durò altri cinque minuti, mentre si muoveva avanti e indietro nel cielo. Dopodiché, l'UFO, (un aereo Dash 8 Series 100) volò sulla mia testa, col faro anteriore puntato in una nuova direzione.

Difficoltà: 0 Supernove se vi funziona male la videocamera e 6 Supernove se vi rapiscono gli alieni.

Conclusione

Spero che la lettura di *50 cose da vedere con un piccolo telescopio* vi abbia fatto passare dei momenti piacevoli! Se desiderate continuare nel vostro hobby, vi incoraggio caldamente ad unirvi ad un club di astrofilia nella vostra zona. Qui potete trovare una lista di associazioni dedicate all'astrofilia:

http://www.astrofilitrentini.it/links/astrofili.html

Se amate la fiction, date un'occhiata al mio thriller sci-fi, The Martian Conspiracy.

"Un romanzo sci-fi duro, con suggestioni provenienti dal Pianeta Rosso di Kim Stanley Robinson, ma con ritmi molto più veloci. Se, come me, sognate di vivere su Marte, dovreste leggere questo libro."

-Graeme Shimmin, Autore di: *A Kill in the Morning*

Appendice 1: Eclissi solari 2016 – 2021

Tipo	Data	Ora max. eclisse (UTC)	Località
Totale	9 marzo 2016	01.58.19	**Totale:** Indonesia, Micronesia, Isole Marshall **Parziale:** Sud-est asiatico, Corea, Giappone, Russia orientale, Alaska, Australia nord-occidentale, Hawaii, Pacifico
Anulare	1° settembre 2016	09.08.02	**Anulare:** Atlantico, Africa centrale, Madagascar, indiano **Parziale :** Africa, oceano indiano
Anulare	26 febbraio 2017	14.54.33	**Anulare:** Cile meridionale e Argentina, Angola, Katanga parte sud-ovest **Parziale:** Africa meridionale e occidentale, America meridionale, Antartide
Totale	21 agosto 2017	18.26.40	**Totale:** Oregon, Idaho, Wyoming, Nebraska, nordest Kansas, Missouri, Illinois meridionale, Western Kentucky, Tennessee, Carolina del nord parte sud-ovest, nord-est della Georgia, Carolina del sud **Parziale:** Nord America, Hawaii, Groenlandia, Islanda, Isole britanniche, Portogallo, America centrale, caraibico, Nord America del sud, penisola dei Čukči
Parziale	15 febbraio 2018	20.52.33	**Parziale:** Antartide, America meridionale
Parziale	13 luglio 2018	03.02.16	**Parziale:** Costa Budd, Oceano indiano, Victoria, Tasmania, Australia meridionale
Parziale	11 agosto 2018	09.47.28	**Parziale:** Nordest del Canada, Groenlandia, Islanda, Oceano Artico, Scandinavia, Isole britanniche, Russia settentrionale, Asia settentrionale
Parziale	6 gennaio 2019	01.42.38	**Parziale:** Asia nord-orientale, Sud-Ovest Alaska, Isole Aleutine
Totale	2 luglio 2019	19.24.08	**Totale:** Argentina centrale e Cile centrale, Archipelago Tuamotu **Parziale:** America del sud, isola di Pasqua, Isole Galapagos, centro America meridionale, Polinesia
Anulare	26 dicembre 2019	05.18.53	**Anulare:** Arabia Saudita settentrionale, Bahrain, Qatar, Emirati Arabi Uniti, Oman, Lakshadweep, India meridionale, Sri Lanka, Sumatra settentrionale, Malesia meridionale, Singapore, Borneo, Indonesia centrale, Palau, Micronesia, Guam **Parziale:** Asia, Melanesia occidentale, Australia nord-occidentale, Medio Oriente, Africa orientale
Anulare	21 giugno 2020	06.41.15	**Anulare:** Repubblica democratica del Congo, Sudan, Etiopia, Eritrea, Yemen, quarto vuoto, Oman, Pakistan del sud, India del Nord, Nuova Delhi, Tibet, Cina meridionale, Chongqing, Taiwan **Parziale:** Asia, Europa sud-orientale, Africa, Medio Oriente, Malesia occidentale, Australia occidentale, territorio del Nord, penisola di Cape York
Totale	14 dicembre 2020	16.14.39	**Totale:** Argentina e Cile meridionale, Kiribati, Polinesia **Parziale:** Sud America centrale e meridionale, Africa sud-occidentale, penisola antartica, terra di Ellsworth, terra della regina Maud occidentale
Anulare	10 giugno 2021	10.43.07	**Anulare:** Nord del Canada, Groenlandia, Russia **Parziale:** Nord del Nord America, Europa, Asia
Totale	4 dicembre 2021	07.34.38	**Totale:** Antartide **Parziale:** Sud Africa, verso il sud Atlantico

Previsioni eclissi Fred Espenak, GSFC della NASA

Appendice 2: Eclissi solari 2021 - 2030

Tipo	Data	Ora max. eclisse (UTC)	Località
Parziale	30 aprile 2022	20.42.36	**Parziale:** Sud-est Pacifico, America meridionale
Parziale	25 ottobre 2022	11.01.20	**Parziale:** Europa, Africa nord-orientale, Medio Oriente, Asia occidentale
Ibrido	20 aprile 2023	04.17.56	**Ibrido:** Indonesia, Australia, Papua Nuova Guinea
			Parziale: Asia sud-orientale, Indie orientali, Filippine, Nuova Zelanda
Anulare	14 ottobre 2023	18.00.41	**Anulare:** Stati Uniti occidentali, America centrale, Colombia, Brasile
			Parziale: Nord America, America centrale, Sud America
Totale	8 aprile 2024	18.18.29	**Totale:** Messico, Stati Uniti, Canada orientale
			Parziale: Nord America, America centrale
Anulare	2 ottobre 2024	18.46.13	**Anulare:** Sud del Cile, Argentina del sud
			Parziale: Pacifico, America meridionale
Parziale	29 marzo 2025	10.48.36	**Parziale:** Africa nord-occidentale, Europa, Russia settentrionale
Parziale	21 settembre 2025	19.43.04	**Parziale:** Sud Pacifico, Nuova Zelanda, Antartide
Anulare	17 febbraio 2026	12.13.06	**Anulare:** Antartide
			Parziale: Sud Argentina, Cile, Sud Africa, Antartide
Totale	12 agosto 2026	17.47.06	**Totale:** Artico, Groenlandia, Islanda, Spagna e Portogallo nord-orientale
			Parziale: Nord America Settentrionale, Africa occidentale, Europa
Anulare	6 febbraio 2027	16.00.48	**Anulare:** Cile, Argentina, Atlantico
			Parziale: Sud America, Antartide, ovest e Sud Africa
Totale	2 agosto 2027	10.07.50	**Totale:** Marocco, Spagna, Algeria, Libia, Egitto, Arabia Saudita, Yemen, Somalia
			Parziale: Africa, Europa, Medioriente, Asia occidentale e meridionale
Anulare	26 gennaio 2028	15.08.59	**Anulare:** Ecuador, Perù, Brasile, Suriname, Spagna, Portogallo
			Parziale: America del nord orientale, centrale e Sud America, Europa occidentale, Africa nord-occidentale
Totale	22 luglio 2028	02.56.40	**Totale:** Australia, Nuova Zelanda
			Parziale: Sud-est asiatico, Indie orientali
Parziale	14 gennaio 2029	17.13.48	**Parziale:** Nord America, America centrale
Parziale	12 giugno 2029	04.06.13	**Parziale:** Artico, nord del Canada, Scandinavia, Alaska, Asia settentrionale
Parziale	11 luglio 2029	15.37.19	**Parziale:** Sud del Cile, SouthernArgentina
Parziale	5 dicembre 2029	15.03.58	**Parziale:** Sud dell'Argentina, del Cile meridionale, Antartide
Anulare	1° giugno 2030	06.29.13	**Anulare:** Algeria, Tunisia, Grecia, Turchia, Russia, Cina del Nord, Giappone
			Parziale: Europa, Nord Africa, Medio Oriente, Asia, Artico, Alaska
Totale	25 novembre 2030	06.51.37	**Totale:** Botswana, Sud Africa, Australia
			Parziale: Sudafrica, Oceano indiano meridionale, Indie orientali, Australia, Antartide

Previsioni eclissi di Fred Espenak, GSFC della NASA

Appendice 3: mappa costellazioni estive dell'emisfero boreale *

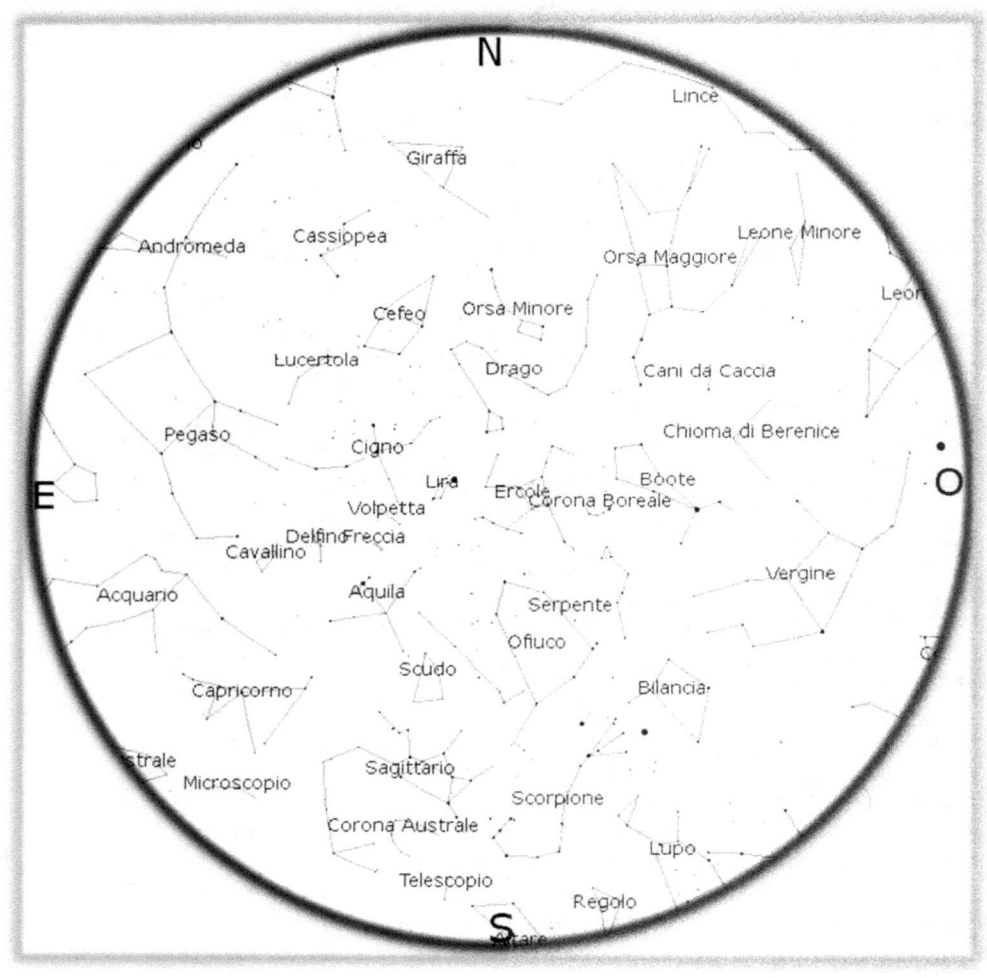

*Latitudine 37 gradi.

Appendice 4: mappa costellazioni invernali dell'emisfero boreale *

*Latitudine 37 gradi.